今すぐ使えるかんたん **PLUS+**

Surface
完全大事典

【Windows 10 Creators Update 対応版】

Complete Guide Book of Surface

伊藤浩一 著

技術評論社

本書の使い方

- 画面の手順解説だけを読めば、操作できるようになる！
- もっと詳しく知りたい人は、補足説明を読んで納得！
- これだけは覚えておきたい機能を厳選して紹介！

Section
023 Wi-Fiで出先や移動中でも インターネットを利用する

SurfaceにはLANポートがないため、本体だけでは有線LANが使えません。インターネットを使うときは「無線LAN」と呼ばれるネットワークに接続します。ここではまず無線LANの仕組みと、接続の仕方について説明します。

特長 1
機能ごとに
まとまっているので、
「やりたいこと」が
すぐに見つかる！

無線LANの仕組み

LANは、ケーブルを使わないで接続できるネットワークのことです。場所によってさまざまなネットワークが用意されており、いずれも「Wi-Fi」と呼ばれる規格に準拠しています。会社にいるときは専用のネットワーク、自宅にいるときはルーター、外出先は公共無線LANなどを使い分けることで、どこにいても自由なくインターネットを利用できます。

Surface は有線
LAN が使えない

インターネット

Wi-Fiルーター

無線 LAN でインターネット
に接続する

● **基本操作**
赤い矢印の部分だけを読んで、
パソコンを操作すれば、
難しいことはわからなくても、
あっという間に操作できる！

Wi-Fiルーター

に接続するには、Wi-Fiルーターと呼ばれる
が必要です。自宅でWi-Fiルーターがない
家電量販店などで購入しましょう。

名	WHR-1166DHP4
メーカー	BUFFALO
価格	¥7,200（税抜）

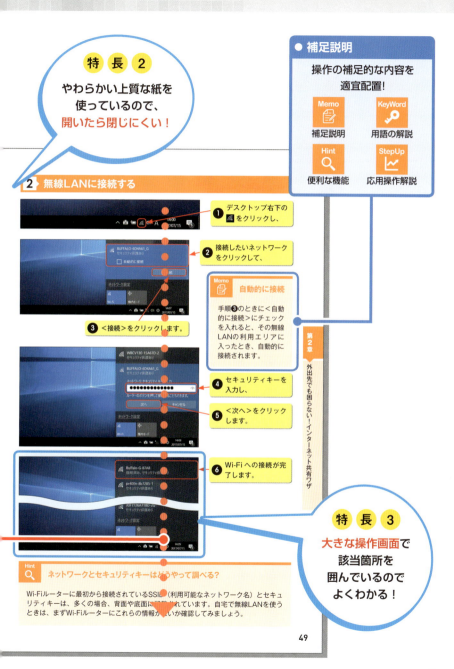

CONTENTS

第1章 まずはここから！Surface基本ワザ

Section 001	Surfaceシリーズの種類と各部名称	14
Section 002	Surfaceを起動／スリープ／シャットダウンする	16
Section 003	タイプカバーの仕組みと使いかた	18
Section 004	タイプカバー&キーボードの基本を押さえる	19
Section 005	特殊キー／ファンクションキーの使いかた	21
Section 006	タッチパッドのジェスチャで直感的に操作	22
Section 007	インターネット閲覧に便利なキー操作	24
Section 008	画面を明るく／暗くして見やすくする	26
Section 009	キーボードのバックライトを調整する	27
Section 010	消音すれば外出先でも安心	28
Section 011	気になる画像をスクリーンショットで残す	29
Section 012	スタートメニューの基本を押さえる	30
Section 013	頭文字やキーワードで目的のアプリを探す	31
Section 014	よく使うアプリはタスクバーに登録	32
Section 015	取引先ごとにデスクトップのアイコンを整列する	33
Section 016	マルチデスクトップで作業効率をアップする	34
Section 017	移動中はタイプカバーをたたんでタブレット化	36
Section 018	タッチ操作の基本を押さえる	38
Section 019	不意に画面が回転しないように固定する	40
Section 020	タブレットモードのアプリ操作をマスターする	41
Section 021	タブレットモードで2つのアプリを同時に使う	44
Section 022	タブレットモードでもタスクバーにアプリを表示する	46

4

第2章 外出先でも困らない! インターネット接続ワザ

Section 023　Wi-Fiで出先や移動中でもインターネットを利用する ……… 48

Section 024　より安全な非公開のWi-Fiに接続する ……… 50

Section 025　テザリングでいつでもどこでもネットを使う ……… 52

Section 026　テザリングでは不正アクセスと通信量に注意 ……… 53

Section 027　iPhoneのテザリングでネットの情報収集を行う ……… 54

Section 028　Androidのテザリングでネットの情報収集を行う ……… 56

Section 029　公衆無線LANでインターネットを楽しむ ……… 58

Section 030　安全でどこでもつながる公衆無線LANと契約する ……… 60

Section 031　公衆無線LANに接続してネットを楽しむ ……… 62

Section 032　過去にアクセスしたWi-Fiに接続されないようにする ……… 64

Section 033　セキュリティを高めて公衆無線LANの脆弱性をカバー ……… 65

Section 034　モバイルルーターの仕組みと買いかたを知る ……… 66

Section 035　海外でもネットを使うならモバイルルーターをレンタル ……… 68

Section 036　Wi-Fiを無効にして資料作成などに集中する ……… 70

第3章 より便利に! アクセサリー&外部機器の活用ワザ

Section 037　Surfaceがもっと便利になる5つのアクセサリ ……… 72

Section 038　ワイヤレスマウスで作業効率を飛躍的にアップ ……… 74

Section 039　複数のパソコンで文字入力 ワイヤレスキーボード ……… 76

Section 040　会社のUSBフルキーボードで資料を作成 ……… 78

Section 041　テレビ電話や音楽鑑賞が快適なワイヤレスヘッドセット ……… 79

Section 042　プレゼンや映画鑑賞で活躍 モニター出力用アダプター ……… 80

Section 043 プレゼン用の資料をプロジェクターで発表する ················ 82

Section 044 無線出力で大きな画面に資料を映す ······················ 84

Section 045 ディスプレイを増やして作業スピードを上げる ················ 86

Section 046 大事な資料や写真などをmicroSDカードに保存 ············ 87

Section 047 USBメモリでパソコンのデータをSurfaceに移す ············ 88

Section 048 複数のUSB機器を同時に利用するUSBハブ ··············· 89

Section 049 SurfaceドックでデスクトップPC化する ················· 90

Section 050 テレビチューナーで野球などの試合中継を見る ··············· 91

Section 051 DVDに保存した書類や写真をSurfaceに取り込む ············ 92

Section 052 会社や自宅の有線LANにつなぐ ······················· 94

Section 053 社内の文書や旅行の写真などを印刷する ················ 95

Section 054 外出時も安心なアクセサリーを用意する ················ 96

第4章 メインPCと同じ作業環境に！環境構築ワザ

Section 055 会社や自宅のパソコンとブラウザ情報を共有する ············ 98

Section 056 Webページの管理が容易なChromeに乗り換える ··········· 99

Section 057 Chromeを標準のブラウザに設定する ················· 100

Section 058 ブラウザ情報を共有するための準備をする ············· 101

Section 059 IEやEdgeのお気に入りをChromeに一元化する ··········· 102

Section 060 ニュースサイトをブックマークに登録する ··············· 104

Section 061 Gmailで仕事もプライベートのメールも一括管理 ·········· 106

Section 062 Gmailに仕事のメールアカウントを登録する ············· 107

Section 063 Gmailからのメールに仕事用の署名を付ける ············· 110

Section 064	メールを受信したアドレスから返信されるようにする	111
Section 065	常に「全員に返信」されるようにする	112
Section 066	取引先からの重要なメールを検索する	113
Section 067	Googleカレンダーで仕事とオフの予定を管理する	114
Section 068	会議や打ち合わせの予定を追加する	115
Section 069	「日本の祝日」を表示して連休の予定を立てる	116
Section 070	「月曜日はじまり」の表示に変えて見やすくする	117
Section 071	「土日」の色を変えて休日を目立たせる	118
Section 072	仕事とオフの予定が混同しないように管理する	120
Section 073	Surfaceのカレンダーアプリと予定を同期する	122

第5章 ビジネス文書を共有! ファイル連携ワザ

Section 074	OneDriveで上司や同僚と社内資料を共有する	124
Section 075	エクスプローラーでOneDriveの初期設定を行う	125
Section 076	メインPCと同じOneDriveを使えるように設定する	128
Section 077	同期するフォルダーを変更する	131
Section 078	共有フォルダーを作って資料を保存する	132
Section 079	上司や取引先に閲覧用のリンクを送る	134
Section 080	ブラウザからOneDriveを開く	135
Section 081	OneDrive上でOfficeファイルをササッと編集する	136
Section 082	Officeファイルをチームで共同編集する	138
Section 083	資料の完成後に共同編集を停止する	140
Section 084	削除したファイルをOneDriveで復元する	141

Section 085	更新した過去のファイルをOneDriveで復元する	142
Section 086	スマホ版のOneDriveで資料をサッと見る	144
Section 087	取引先とDropboxでファイルをやり取りする	145
Section 088	Dropboxのアカウントを作ってデータを保存する	146
Section 089	Dropboxで削除／更新したファイルを復元する	148
Section 090	Dropboxでファイルの閲覧用のリンクを送る	150
Section 091	写真やファイルを全員で共有する	152
Section 092	スマホ版のDropboxで資料をサッと確認する	154

第6章 アイデアをメモに残す! Surfaceペン活用ワザ

Section 093	思いついたアイデアはSurfaceペンですぐにメモ	156
Section 094	Surfaceペンを使う準備をする	157
Section 095	ロックを一瞬で解除してアイデアを書き留める	158
Section 096	ペンの色や太さを変えてきれいにメモする	160
Section 097	手書きの文字を移動する	161
Section 098	誤字は消しゴム機能で消す	162
Section 099	気になったWebページを画像としてメモする	163
Section 100	OneNoteに画像や文書を一緒に貼り付ける	164
Section 101	メモの内容を会社PCのブラウザから見る	166
Section 102	SurfaceペンをWebブラウジングに使う	168
Section 103	忘れていたToDoを付箋にメモする	170
Section 104	イメージラフをスケッチパッドに描き残す	172
Section 105	ペンの筆圧を変えて滑らかにメモする	174

Section **106** ペンの動きが鈍いなら再ペアリングか電池交換 ········ **176**

第7章	Surfaceをパワーアップ! 役立つ厳選アプリ

Section **107** アプリでSurfaceの機能を充実させる ··················· **178**

Section **108** 1対1のやり取りを盛り上げるアプリ **180**

Section **109** 多くの人との交流を深めるSNSアプリ **181**

Section **110** PDFやキーボードアプリで業務をより円滑に ··········· **182**

Section **111** 資料に使う写真をパッと編集するアプリ ··············· **183**

Section **112** お気に入りの作品を公開・加工できる写真アプリ **184**

Section **113** 話題の海外ドラマや映画を楽しむ ······················ **185**

Section **114** 息抜きに便利なYouTube&映画情報アプリ ··········· **186**

Section **115** パソコンでササッと動画や音声を編集する ············· **187**

Section **116** イラストアプリで家族と遊ぶ ··························· **188**

Section **117** 読書やラジオでオフの日を充実して過ごす **189**

Section **118** ビジネスマン必携のニュースアプリ **190**

Section **119** 雑談に使えるネタや天気を調べる **191**

Section **120** 休日はゲームアプリにとことん興じる **192**

Section **121** メールやブログが早く書けるテキストエディター **193**

Section **122** 大容量のデータをスムーズに転送するFTPクライアント ··· **194**

第8章	とことん使う! 1ランク上のカスタマイズワザ

Section **123** Windows Helloでサッとロックを解除 **196**

9

Section 124	ピクチャパスワードでセキュリティを高める	198
Section 125	4桁のPINでサインインを簡略化する	200
Section 126	パスワード入力を省きすぐに作業を再開する	201
Section 127	スリープになるまでの時間を設定する	202
Section 128	夜間モードを設定して目の疲れを減らす	203
Section 129	すぐ鞄にしまえるよう本体のボタンで電源を切る	204
Section 130	タイプカバーをたたんだときの動作を設定する	205
Section 131	タッチパッドを扱いやすくカスタマイズする	206
Section 132	「ドキュメント」をスタートメニューに表示する	210
Section 133	よく使うアプリにアクセスしやすくする	211
Section 134	仕事と趣味で使うアプリをグループ分けする	212
Section 135	よく使うアプリのタイルは「横長」か「大」に設定	214
Section 136	よく使うフォルダーをタイルにする	215
Section 137	文字のサイズを変えて画面を見やすくする	216
Section 138	味気ないスタートメニューの色をアレンジする	217
Section 139	背景やデザインをテーマで劇的に変える	218
Section 140	旅行や家族の写真をロック画面の背景にする	220
Section 141	ロック画面に表示する情報をカスタマイズする	222
Section 142	タスクバーを操作しやすい位置に変更する	223
Section 143	アクションセンターのアイコンをカスタマイズする	224
Section 144	海外旅行や出張時に現地の時間を表示する	226
Section 145	通信をオフにして消費電力を抑える	228
Section 146	明るさの自動調整機能をオフにして省エネ化	229
Section 147	プレゼン用の電源プランを作成する	230

Section 148 電池残量に応じてバッテリー節約モードにする ……… 232

第9章 いざというときに！Surfaceのセキュリティワザ

Section 149 Surfaceがフリーズしたら電源ボタンを長押し ……… 234

Section 150 OSが自動アップロードされない時間を設定する ……… 235

Section 151 ファイル履歴で大事なデータをバックアップする ……… 236

Section 152 Windowsを初期化してリフレッシュする ……… 238

Section 153 万一に備えて回復ドライブを作成する ……… 240

Section 154 回復ドライブでシステムを復旧する ……… 242

Section 155 「デバイスの検索」で紛失したSurfaceを探す ……… 244

Section 156 デバイスマネージャーで周辺機器を認識させる ……… 246

Section 157 アプリのアンインストールで使える記憶容量を増やす ……… 248

Section 158 タスクマネージャーで重いアプリを強制終了 ……… 250

Section 159 どうにもならないときはサポートサイトにアクセス ……… 251

ご注意：ご購入・ご利用の前に必ずお読みください

● 本書に記載した内容は、情報の提供のみを目的としています。したがって、本書を用いた運用は、必ずお客様自身の責任と判断によって行ってください。これらの情報の運用の結果について、技術評論社はいかなる責任も負いません。

● サービスやソフトウェアに関する記述は、特に断りのないかぎり、2017年8月現在での最新バージョンを元にしています。サービスやソフトウェアはバージョンアップされる場合があり、本書での説明とは機能内容や画面図などが異なってしまうこともあり得ます。あらかじめご了承ください。

● 本書は以下の環境での動作を検証し、画面図を撮影しています。
　端末：Surface Pro（2017年モデル）、Surface Laptop
　パソコンのOS：Windows 10 Pro、Windows 10 S
　Webブラウザ：Microsoft Edge、Google Chrome

● インターネットの情報については、URLや画面等が変更されている可能性があります。ご注意ください。

以上の注意事項をご承諾いただいた上で、本書をご利用願います。これらの注意事項をお読みいただかずに、お問い合わせいただいても、技術評論社は対処いたしかねます。あらかじめ、ご承知おきください。

■本書に掲載した会社名、プログラム名、システム名などは、米国およびその他の国における登録商標または商標です。本文中では、™、®マークは明記していません。

第 **1** 章

まずはここから!
Surface基本ワザ

第1章 まずはここから！Surface基本ワザ

Section 001 Surfaceシリーズの種類と各部名称

Microsoftが提供するSurfaceシリーズは、4つのモデルが用意されています。ここではデスクトップモデルであるSurface Studio以外の機種について、搭載されているOSやスペックなどの違いを紹介します。

1 Surfaceシリーズの種類

- Surface Pro

Surfaceシリーズの中でベーシックなモデルが「Surface Pro」です。別売りのタイプカバーを付けるとノートパソコン、取り外すとタブレット、と状況に応じて2つのスタイルを使い分けられます。

- Surface Book

「Surface Book」は、Surface Proよりもノートパソコンとしてのスペックが強化されたモデルです。ディスプレイが大型化されて解像度も上がったほか、USBポートやSDカードのポートも増設されました。また、キーボードを取り外してタブレットとして使うことも可能です。

- Surface Laptop

「Surface Laptop」は上記2つのモデルと違い、「Windows 10 S」というOSが搭載されています[※]。インターネット上のデスクトップアプリをインストールできない代わりに、マルウェアなどの感染を防いで、より安心して使えます。

※ 2018年3月31日までならWindowsストア（https://www.microsoft.com/ja-jp/store/b/home）からWindows 10 Proに無料でアップグレードできます。

2 Surface Pro本体の各部名称

本書では Surface Pro を例に操作を解説しています。まずは本体にあるボタンと機能を覚えましょう。

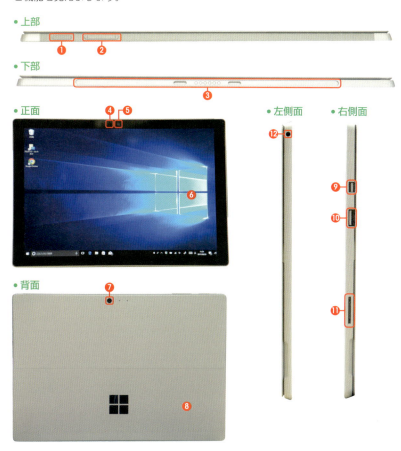

- 上部
- 下部
- 正面
- 左側面
- 右側面
- 背面

第1章 まずはここから！Surface基本ワザ

- 各ボタンの名称

❶	電源ボタン	❼	メインカメラ
❷	音量ボタン	❽	キックスタンド
❸	マグネット	❾	Mini DisplayPort
❹	顔認証サインインのWindows Hello	❿	USB 3.0端子
❺	フロントカメラ	⓫	SurfaceConnect
❻	タッチスクリーン	⓬	ヘッドセットジャック

15

Section 002

第1章 まずはここから！Surface基本ワザ

Surfaceを起動／スリープ／シャットダウンする

Surfaceを利用するときは、本体の電源ボタンを押して電源を入れましょう。画面表示を消して節電するスリープ状態や、シャットダウンもこのボタンから行えます。

1 Surfaceの電源を入れる

① Surface本体上部にある電源ボタンを押します。

② サインインオプション画面が表示されます。

③ Microsoftアカウントのパスワードを入力し、

④ <→>をクリックすると、

⑤ デスクトップ画面が表示されます。

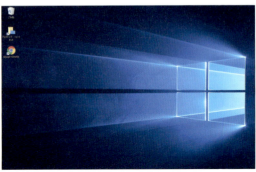

2 Surfaceをスリープさせる

① Surfaceが起動している状態で、本体上部の電源ボタンを押します。

② Surfaceがスリープ状態になります。

③ 電源ボタンをもう一度押すと、スリープが解除されます。

3 Surfaceをシャットダウンする

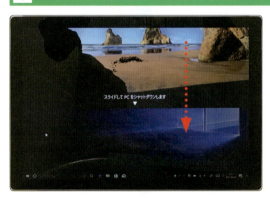

① Surfaceが起動した状態で、本体上部の電源ボタンを数秒間、押し続けます。

② 画面を下にスワイプすると、Surfaceがシャットダウンします。

Memo スタートメニューから操作を行う

上記の方法のほか、P.30を参考にスタートメニューを表示し、をクリックして、＜スリープ＞や＜シャットダウン＞をクリックしても構いません。

第1章 まずはここから！Surface基本ワザ

Section
003

タイプカバーの仕組みと使いかた

Surface Pro専用アクセサリの「タイプカバー」は、本体から自由に取り外したり、取り付けたりできます。ここでは、タイプカバーのしくみや本体との接続方法を押さえておきましょう。

1 Surface Proにはタイプカバーが必須

　Surface Proではタブレットとしてタッチ式のキーボードを利用できますが、メールなどの長文を書くときはタイプカバーのキーボードのほうが便利です。タイプカバーはマグネットで本体と手軽に着脱でき、PC側で接続の設定をしなくても、すぐに入力がはじめられる状態になります。また、薄くて軽量のため、使わないときは書類などが詰まった鞄でも簡単に収まります。

接続部はマグネット式になっており、Surface Pro本体と簡単に着脱できます。

移動中はカバーとして、本体のディスプレイを保護します。

第1章 まずはここから！Surface基本ワザ

Section 004

タイプカバー&キーボードの基本を押さえる

Surfaceにはキーボードが本体に搭載されているものと、タイプカバーを接続して使うものがあります。これらを使えば、タッチパッドでマウスポインターを動かしたり、ファイルを選択したりできます。

1 キーボードのキー配列と機能

　Surfaceのキー配列はふつうのノートパソコンと同じ「QWERTY」です。キーボード上部の F1 ～ F12 のキーではディスプレイの明るさなどを調整できます。これらの使いかたはP.26以降で解説しています。なお、Surfaceのキーボードは機種によってキー配列が多少異なります。ここでは、Surface Pro Signatureタイプカバーを例に解説します。

● キーボードの主要なキー

キー	機能
❶ 特殊キー／ファンクションキー	画面の明るさや音量などを調整できます。
❷ Fn キー	ファンクションキーと特殊キーを切り替えます。
❸ ■ キー	スタートメニューを表示してアプリを起動できます。
❹ タッチパッド	指でなぞったり押したりして、マウスポインターの移動やファイルの選択を行えます。

19

2 タッチパッドの基本的な使いかた

　Surfaceには、マウスポインターでアプリを操作するための「タッチパッド」が搭載されています。タッチパッドを指でなぞるとマウスポインターが動き、ボタンのように押すことでクリックや右クリックを行います。また、触れる指の本数や動きを変えることで、さまざまな操作が実行できます（P.22参照）。

> タッチパッドは左クリックボタンと、右クリックボタンに分かれています。ファイルを選択するときは左クリックボタンを押し、右クリックメニューを表示したいときは右クリックボタンを押します。

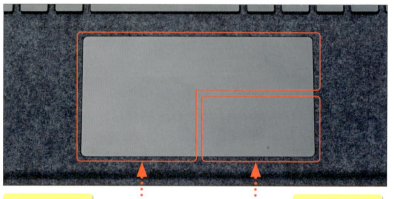

左クリックボタン　　　　　　　　　　　　右クリックボタン

● 3本指でスワイプ　　　　　　　● 1本指でタップ

> マウスポインターを移動させる以外にも、「ジェスチャ」と呼ばれる特殊な操作で、さまざまな機能を利用できます（P.22参照）。

Section 005

特殊キー／ファンクションキーの使いかた

タイプカバーの F1 ～ F12 のキーには、特殊キーとファンクションキーという2種類の機能が用意されています。Fn キーのオン／オフを切り替えることで、特殊キーとして使うか、ファンクションキーとして使うかを選択できます。

1 Fn キーでキーの機能を切り替える

キーボードの最上段にある F1 ～ F12 までのキーのことをファンクションキーといいます。Word なら F1 キーでヘルプ、F12 キーで別名保存のように、ファンクションキーにはアプリごとに特別な機能が割り当てられています。

Surface ではこのファンクションキーを、画面の明るさや音量など本体の設定を変える特殊キーとして使用することもできます。ファンクションキーと特殊キーのどちらを使用するかは、キーボード左下の Fn キーを押すことで切り替えられます。

Fn キーがオンの状態ならファンクションキーとして動作します。

Fn キーがオフの状態なら特殊キーとして動作します。

Hint　特殊キーを利用する際の注意点

本書では、Surface Pro Signatureタイプカバーを例に解説しています。タイプカバーの種類によっては特殊キーの機能が異なるので、注意してください。

Section 006

タッチパッドのジェスチャで直感的に操作

マウスが手元にないときはタッチパッドからマウスポインターを操作しましょう。近年のタッチパッドは大きな進化を遂げており、指の動きを変えるだけで画面を上下左右にスクロールしたり、大きく表示したりできます。

1 ジェスチャ操作を使いこなす

　タッチパッドを指で軽くたたいたりなぞったりして、マウスポインターを動かしたり、ファイルを選択したりすることを「ジェスチャ」といいます。Surfaceではスマートフォンのように使う指の本数により、下記のようなさまざまな操作を行えます。

・1本指でタップ

タッチパッドを軽くたたく操作のこと。マウスの左クリックに相当します。ファイルを選択するときなどに使用します。

・2本指でタップ

マウスの右クリックに相当します。右クリックメニューを開くときなどに活用します。

・ダブルタップ

タッチパッドを二回タップします。フォルダー内のファイルを表示するときに利用しましょう。

・1本指でスワイプ

タッチパッドを指でなぞることをスワイプといいます。マウスポインターを移動させます。

• 左クリックしてスワイプ

左クリックしたまま1本指でスワイプすると、ドラッグの操作になります。ファイルの移動などに利用します。

• ピンチ／ストレッチ

画面を拡大／縮小できます。Webページの文字が小さくて読みづらいとき、＜マップ＞アプリで目的地の詳細や、周囲の施設を確認したいときに便利です。

• 2本指で左右にスワイプ

画面を左右にスクロールします。Webサイトの閲覧中、前のページに戻ったり、次のページに進んだりすることもできます（Edgeのみ）。

• 2本指で上下にスワイプ

画面を上下にスクロールできます。縦に長いWebページを見るときに便利です。

• 3本指で左右にスワイプ

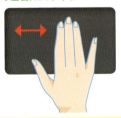

画面中央に起動中のアプリのサムネイルを表示し、使用するアプリを切り替えられます。

• 3本指で上にスワイプ

仮想デスクトップを表示します。デスクトップを使い分けるのに活用できます。

第1章 まずはここから！Surface基本ワザ

第1章 まずはここから！Surface基本ワザ

Section 007

インターネット閲覧に便利なキー操作

Surfaceでインターネットを閲覧するなら、キーボードショートカットを使うと操作がより楽になります。ここでは、Webサイト閲覧に役立つショートカットをいくつか紹介します。

1 Webブラウジングの手間を減らす

● Webページの最上部に移動する

① Webページの閲覧中、Fnキーと←キーを同時に押すと、

② Webページのトップ画面に戻ります。

● Webページの最下部に移動する

① Webページの閲覧中、Fnキーと→キーを同時に押すと、Webページの最下部に移動します。

- Webページを上方向にスクロールする

> Webページの閲覧中、Fnキーと↑キーを同時に押すと、

> Webページが上方向に1画面分スクロールします。

- Webページを下方向にスクロールする

> Webページの閲覧中、Fnキーと↓キーを同時に押すと、

> Webページが下方向に1画面分スクロールします。

第1章 まずはここから！Surface基本ワザ

Section 008 画面を明るく／暗くして見やすくする

カフェや公園のベンチに座ってSurfaceを開いたとき、照明の位置や天気によっては画面が見づらいかもしれません。そうしたときは、ディスプレイの明るさを調整して見やすくしましょう。

1 ディスプレイの明るさを調整する

① キーボード左下の Fn キーでライトが消灯していることを確認します。

② F2 キーを押すと、

③ ディスプレイが段階的に明るくなります。

④ F1 キーを押すと、ディスプレイが段階的に暗くなります。

Section 009 第1章 まずはここから！Surface基本ワザ

キーボードのバックライトを調整する

キーボードにはバックライトが内蔵されており、明るさを調整できます。プレゼン時のように暗い部屋でSurfaceを操作する場合でも、バックライトを明るくしてキーを照らせばスムーズに進行できます。

1 バックライトの明るさを調整する

① キーボード左下の Fn キーを確認し、ライトが点灯している場合はキーを押して消します。

② F7 キーを押すと、

③ キーボードのバックライトが明るくなります。

④ F7 キーを押すたびにバックライトは段階的に明るくなり、さらに押すとバックライトが消灯します。

Section 010
第1章 まずはここから！Surface基本ワザ

消音すれば外出先でも安心

外出先や会議中で不意に音が出てしまわないよう確実に消音にしたい。そのようなときデスクトップのメニューから音量を操作するのはかえって手間です。キーボードの特殊キーなら、一瞬で消音に設定できます。

1 特殊キーで音量を調整する

① キーボード左下の Fn キーのライトが消灯していることを確認します。

② F4 キーを押すと、消音に切り替わりメールの通知音などが鳴らなくなります。

③ もう一度 F4 キーを押すと、消音が解除され再び音が鳴るようになります。

④ F5 キーを押すと音量が下がり、F6 キーを押すと音量が上ります。

第1章 まずはここから！Surface基本ワザ

Section 011 気になる画像をスクリーンショットで残す

気になるニュースや、飛行機のフライト情報などを簡単にメモしたいならスクリーンショットがおすすめです。撮影した画像はエクスプローラーの、「スクリーンショット」フォルダーに保存されます。

1 スクリーンショットを撮影する

❶ Webページの閲覧中やアプリの起動中に、■キーと PrintSc キーを同時に押します。

❷ エクスプローラーを起動し、＜ピクチャ＞→＜カメラロール＞→＜スクリーンショット＞をクリックすると、

❸ デスクトップの表示内容が画像として保存されていることを確認できます。

Memo ウィンドウ単位でスクリーンショットを撮る

デスクトップ全体ではなくウィンドウ単位でスクリーンショットを撮影したいときは、Alt + PrintSc キーを同時に押します。クリップボードに画像が保存されるので、ペイントなどのアプリに貼り付けて保存します。

第 1 章 まずはここから！Surface基本ワザ

Section 012

スタートメニューの基本を押さえる

電源をオフにしたり、インストールされているアプリを起動したいときは、スタートメニューから操作を行うのが基本です。ここではスタートメニューの画面構成と役割を説明します。

1 スタートメニューの構成

ここをクリックして、スタートメニューを表示します。

- スタートメニューの主な機能

名称	機能
❶スタートボタン	スタートメニューを表示したり、非表示にします。
❷よく使うアプリ	よく起動するアプリが表示されます。P.211の方法で表示することができます。
❸タイル	クリックするとアプリが起動します。
❹すべてのアプリ	Surfaceにインストールされているアプリが表示されます。上下にスクロールすると、ほかのアプリを表示できます。
❺アカウント画像	ログイン中のアカウントの画像が表示されます。
❻設定	＜設定＞アプリが起動し、Windows 10の各種設定を変更できます。
❼電源	Windows 10をスリープにしたり、電源をオフにできます。

第1章 まずはここから！Surface基本ワザ

Section 013

頭文字やキーワードで目的のアプリを探す

目的のアプリが見つからなかったら、アプリの頭文字から探してみましょう。アプリの一覧をスクロールするよりもずっと効率的です。また、キーワードでピンポイントにアプリを検索することもできます。

1 頭文字からアプリを探す

❶ スタートメニューを表示します。

❷ 見出しの部分をクリックし、

❸ 目的のアプリの頭文字をクリックすると、

❹ 該当するアプリが表示されます。

❺ 目的のアプリをクリックして起動します。

Memo キーワードでアプリを検索する

デスクトップ左下の「ここに入力して検索」欄にキーワードを入力すると、ピンポイントでアプリを検索できます。

第1章 まずはここから！Surface基本ワザ

Section 014

よく使うアプリは
タスクバーに登録

よく使うアプリは、タスクバーに登録するか、デスクトップにショートカットを作成しましょう。スタートメニューを表示する必要もなく、ほかのアプリを利用中でも簡単に起動できます。

1 アプリをタスクバーに登録する

① スタートメニューでタスクバーに登録したいアプリを右クリックし、

② ＜その他＞にマウスポインターを合わせ、

③ ＜タスクバーにピン留めする＞をクリックします。

④ タスクバーにアプリのアイコンが追加されました。

Memo 　アプリのショートカットを作成する

手順❶でアプリのタイルをスタートメニューの外にドラッグすると、デスクトップ上にアプリのショートカットが作成されます。

Section 015　第1章 まずはここから！Surface基本ワザ

取引先ごとにデスクトップのアイコンを整列する

Surfaceを仕事に使っていると、いつの間にかデスクトップに取引先のファイルやフォルダーがズラリと並んでいた、ということもあるでしょう。そのままでは画面が見づらく作業効率が下がってしまうので、名前順などに整理しましょう。

1 アイコンを並べ替える

デスクトップにアイコンやフォルダーが乱雑に並んでいます。

❶ デスクトップで右クリックし、

❷ ＜並べ替え＞→＜名前＞をクリックします。

❸ フォルダーとファイルが名前順に並べ替えられます。

Memo ほかの順序で並べ替える

デスクトップの右クリックメニューでは、ほかにも次のような順序で並べ替えられます。

サイズ	容量の大きさ順に並べ替えられます。写真が多く格納されているフォルダーを左上に表示したいときなどに役立ちます。
項目の種類	写真や文書といった書類ごとに並べ替えられます。趣味の写真や、仕事の文書などを明確に分けたいとき重宝します。
更新日時	修正した日時が新しい順に並べ替えられます。最近よく編集しているファイルを左上に表示したいとき活用できます。

Section 016

マルチデスクトップで作業効率をアップする

Surfaceでは、1つの画面で複数のデスクトップを使えるマルチデスクトップにも対応しています。プロジェクトごとにデスクトップを追加すれば画面が乱雑になることを避けられ、スムーズに作業できます。

1 複数のデスクトップを利用する

① タスクバーの■をクリックすると、

② タスクビュー画面が表示されます。

③ <新しいデスクトップ>をクリックします。

④ 新しく追加された<デスクトップ2>をクリックします。

Memo デスクトップを削除する

手順④でデスクトップのサムネイルにマウスポインターを合わせ、<×>をクリックすると追加したデスクトップを削除できます。

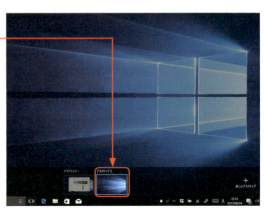

⑤ デスクトップが切り替わりました。

⑥ デスクトップ1とは別のアプリを起動します。

⑦ Ctrl+■+←→キーを押すと、

⑧ デスクトップを切り替えられます。

Hint　デスクトップ間でアプリを移動する

手順❹の画面でアプリのサムネイルを右クリックし、<移動>にマウスポインターを合わせると、デスクトップ間でアプリを移動できます。

第1章 まずはここから！Surface基本ワザ

Section 017

移動中はタイプカバーを たたんでタブレット化

Surface Proの場合、タイプカバーを折りたたむと、「タブレットモード」に画面が変化します。アプリのアイコンが大きくなり、ウィンドウも全画面で表示されるため、タッチ操作でも快適に使用できます。

1 タブレットモードに切り替える

① タイプカバーをSurfaceの背面に折りたたみます。

② タブレットモードに切り替えるか、確認の画面が表示されます。

③ <はい>をクリックすると、

④ 画面がタブレットモードに切り替わります。

⑤ 本体を縦向きにすると、画面も自動的に縦向きになります。

Memo タブレットモードとは？

Windows 10は通常の画面である「デスクトップモード」と、タッチ操作を前提とした「タブレットモード」の2つを自由に切り替えられます。後者ではスタートメニューが全画面に表示され、各種アイコンも大きくなるなど、タブレットとしての使用に最適化されます。

2 通常のデスクトップモードに戻す

• タイプカバーを接続して戻す

① タイプカバーをSurfaceと接続します。

② 「タブレットモードを終了しますか?」の通知で<はい>をタップすると、

③ 画面がデスクトップモードに切り替わります。

Memo　Surface Pro以外の場合

Surface Pro以外を利用している場合、キーボードの取り外しができないため上記の方法ではタブレットモードに切り替えることができません。タブレットモードで使用するときは、アクションセンターから操作を行います。

• アクションセンターから戻す

① タブレットモードの状態で画面右下の□をクリックすると、

② アクションセンターが表示されます。

③ <タブレットモード>をクリックして、オン/オフを切り替えます。

第1章 まずはここから！Surfaceの基本ワザ

37

Section 018

タッチ操作の基本を押さえる

Surfaceをタブレットとして使いたいときは、画面を直接さわって操作します。キーボードやマウスを使うデスクトップパソコンとはやや操作感が異なるので、タブレットをはじめて使う場合は操作をしっかり覚えておきましょう。

1 タブレットの基本的なタッチ操作

- タップ

画面に軽くタッチする操作で、クリックに相当します。スタートメニューからアプリを起動したり、Webのリンクをタップしてページを開くときなどに使います。

- ダブルタップ

画面に軽く2回連続でタッチする操作で、ダブルクリックに相当します。エクスプローラーのフォルダーを開き、ファイルを見るときに使用します。

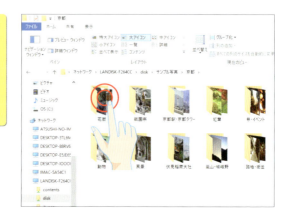

● スワイプ

指で画面を上下左右になぞる操作です。指を動かした方向に画面がスクロールします。

● 長押し

画面上のアイコンやリンク、ファイルを数秒、押し続けます。右クリックメニューを表示して、コピーするときなどに使用します。

● ドラッグ

画面上のファイルを押し続け、そのまま指を動かします。デスクトップ上のファイルをゴミ箱やフォルダーに移動させたいときに使用します。

● ピンチ／ストレッチ

2本の指を広げたり縮めたりして、画面を拡大／縮小します。目的地の地図をもう少し大きくしたいときなどに使います。

第1章 まずはここから！Surface基本ワザ

Section 019

不意に画面が回転しないように固定する

Surface Proをタブレットとして使っているとき、初期状態では本体の向きに合わせて画面が回転します。ネットの動画や電子書籍を鑑賞する際に不便なら、＜設定＞アプリから自動回転の設定をオフにしましょう。

1 ＜回転ロック＞をオンにする

① 画面右下の■をクリックしてアクションセンターを表示し、

② ＜画面ロック＞をクリックすると、

③ 画面の自動回転にロックをかけられます。

Hint　タイプカバー装着時は機能しない

タイプカバーを装着している場合は＜画面ロック＞が無効化され、アクションセンターからアイコンがクリックできなくなります。

40

第1章 まずはここから！Surface基本ワザ

Section 020

タブレットモードのアプリ操作をマスターする

タブレットモードではすべてのアプリが全画面で表示されます。外廻り中でも＜メール＞アプリやインターネットなど同時に使えるよう、ここでタブレットモードのアプリの切り替えや終了の方法を覚えておきましょう。

1 タブレットモードでアプリを起動する

① P.36を参考にタブレットモードに切り替え、

② ≡をタップし、

③ ＜すべてのアプリ＞をタップすると、

④ アプリの一覧が表示されます。

⑤ 起動したいアプリをクリックすると、

⑥ アプリが全画面で起動します。

Memo スタートメニューに戻る

アプリ起動後、画面左下の⊞キーをタップするとスタートメニューに戻り、タイルをタップするか、上記と同じ方法を行うと別のアプリを起動できます。

2 タスクビューから複数のアプリを起動する

① 複数のアプリを起動中、左端から右方向に画面をスワイプします。

② タスクビューの画面が表示されます。

③ 起動したいアプリをタップすると、

④ 起動するアプリを切り替えられます。

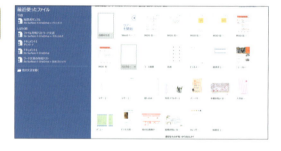

Hint 前のアプリを表示する

画面左下の←をタップすると、前に起動していたアプリに画面が戻ります。起動しているアプリの数が少ない場合は、こちらの方法のほうがすばやくアプリを切り替えられます。

3 アプリを終了させる

● ドラッグして終了させる

① アプリの起動中、画面上部を最下部までスワイプすると、

② アプリが終了します。

● ＜閉じる＞から終了させる

① アプリの起動中、画面上部をタップし、

② 画面右上の＜×＞をタップすると、

③ アプリが終了します。

第1章 まずはここから！Surface基本ワザ

Section 021

タブレットモードで2つのアプリを同時に使う

タブレットモードで、メールで打診された打ち合わせの日程と、カレンダーの空いている日にちを同時に確認したいときは、1つの画面に2つのアプリを表示しましょう。アプリのウィンドウを左右にドラッグするだけでOKです。

1 スナップ機能で複数のアプリを同時に表示する

① あらかじめ、2つ以上のアプリを起動しておきます。

② アプリを表示し、画面の上部から中央までスワイプし、

③ その状態のまま、左方向にドラッグすると、

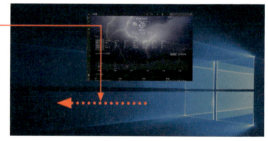

④ 画面の左側だけにアプリが表示されます。

⑤ 画面右側は、ほかのアプリが表示されています。

44

❻ 表示したいアプリをタップすると、

❼ 1つの画面に2つのアプリが表示されます。

❽ 中央のバーを左右にドラッグすると、アプリの表示サイズを変更できます。

Hint 表示を元に戻す

中央のバーを画面端までドラッグすると、画面上に1つのアプリが表示される状態に戻ります。

第1章 まずはここから！Surface基本ワザ

Section 022

タブレットモードでもタスクバーにアプリを表示する

＜設定＞アプリから変更を行えば、タブレットモードでもタスクバーのアイコンからアプリを切り替えられます。いちいちタスクビューを表示してアプリを切り替えるのがわずらわしい人におすすめです。

1 タブレットモードのタスクバーにアプリを表示する

1. P.64を参考に＜設定＞アプリを起動します。

2. ＜システム＞をタップし、

3. ＜タブレットモード＞をタップして、

4. 「タブレットモードではタスクバーの〜」をオフに切り替えます。

5. タブレットモードのタスクバーに、アプリのアイコンが表示されます。

第2章

外出先でも困らない!
インターネット接続ワザ

第2章 外出先でも困らない！インターネット接続ワザ

Section 023

Wi-Fiで出先や移動中でも インターネットを利用する

SurfaceにはLANポートがないため、本体だけでは有線LANが使えません。インターネットを使うときは「無線LAN」と呼ばれるネットワークに接続します。ここではまず無線LANの仕組みと、接続の仕方について説明します。

1 無線LANの仕組み

　無線LANは、ケーブルを使わないで接続できるネットワークのことです。場所によってさまざまなネットワークが用意されており、いずれも「Wi-Fi」と呼ばれる規格に準拠しています。会社にいるときは専用のネットワーク、自宅にいるときはWi-Fiルーター、外出先は公共無線LANなどを使い分けることで、どこにいても不自由なくインターネットを利用できます。

KeyWord　Wi-Fiルーター

無線LANに接続するには、Wi-Fiルーターと呼ばれる中継機が必要です。自宅でWi-Fiルーターがない場合は、家電量販店などで購入しましょう。

モデル名	WHR-1166DHP4
メーカー	BUFFALO
価格	￥7,200（税抜）

2 無線LANに接続する

① デスクトップ右下の 📶 をクリックし、

② 接続したいネットワークをクリックして、

③ <接続>をクリックします。

> **Memo 自動的に接続**
>
> 手順③のときに<自動的に接続>にチェックを入れると、その無線LANの利用エリアに入ったとき、自動的に接続されます。

④ セキュリティキーを入力し、

⑤ <次へ>をクリックします。

⑥ Wi-Fiへの接続が完了します。

Hint 🔍 ネットワークとセキュリティキーはどうやって調べる?

Wi-Fiルーターに最初から接続されているSSID(利用可能なネットワーク名)とセキュリティキーは、多くの場合、背面や底面に記載されています。自宅で無線LANを使うときは、まずWi-Fiルーターにこれらの情報がないか確認してみましょう。

第2章 外出先でも困らない!インターネット接続ワザ

49

第2章 外出先でも困らない！インターネット接続ワザ

Section 024

より安全な非公開の Wi-Fiに接続する

無線LANのネットワーク名は、不正アクセス防止のため非公開になっていることもあります。非公開の無線LANにアクセスするときは、ネットワーク情報を確認し、以下の手順でアクセスしましょう。

1 非公開のネットワークに接続する

① デスクトップ右下の をクリックします。

② <非公開のネットワーク>をクリックして、

③ <接続>をクリックします。

④ 非公開のネットワーク名を入力し、

⑤ <次へ>をクリックします。

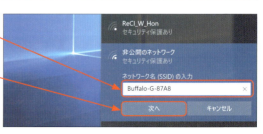

⑥ セキュリティキーを入力し、

⑦ <次へ>をクリックすると、ネットワークに接続します。

⑧ ネットワークを切断するときは、接続したネットワークをクリックして、

⑨ <切断>をクリックします。

StepUp パブリックネットワークとプライベートネットワーク

Surfaceでは、2種類のネットワークを利用できます。会社や自宅での利用を想定したプライベートネットワークと、公衆無線LANのように(P.58参照)SSIDやパスワードが公開されているパブリックネットワークです。はじめて接続した無線LANは、安全性の高いパブリックネットワークとして登録されます。ネットワークの種類はP.65の方法で変更できます。

第2章 外出先でも困らない！インターネット接続ワザ

Section 025

テザリングでいつでも どこでもネットを使う

近くに利用できる無線LANがないときは、スマホのテザリングを活用しましょう。iPhone、Androidスマホのどちらでも利用できます。図書館などで調べ物をしている最中、少しの間だけインターネットを使いたいときに便利です。

1 スマホの回線を利用してネットワークにつなぐ

　テザリングとは、スマートフォンの回線を利用してインターネットに接続する仕組みです。iPhoneやAndroidスマホのテザリング設定をオンに切り替えてから、Surfaceで対象のネットワークを選択しましょう。無線LANに接続しているものの動作が重かったり、使える無線LANがいくつか表示されるがすべてパスワードがわからないようなときに活用できます。

●テザリングの仕組み

Surface　　　スマートフォン　　　インターネット

> スマートフォンを介して、携帯回線を使ってSurfaceをインターネットに接続します。

Memo 契約プランを確認する

スマートフォンのプランや機種によっては、テザリングが使えないことがあります。キャリアの公式サイトなどから手元の機種がテザリングに対応しているか確認し、必要に応じてオプションサービスを申し込みましょう。

第2章 外出先でも困らない！インターネット接続ワザ

Section
026

テザリングでは不正アクセスと通信量に注意

スマートフォンのテザリングは便利ですが、利用する際にはセキュリティやデータの使用量にも注意が必要です。これらの点にも気を配りながら、より賢くSurfaceでインターネットを楽しみましょう。

1 解読されにくいパスワードを設定する

iPhoneやAndroidでテザリングをオンにするときは、パスワードの設定が求められます。このパスワードは自分で設定できますが、簡単だと第三者に解読され、ネットワークに「ただ乗り」されるかもしれません。そうならないためにも、アルファベットの小文字や大文字、数字を組み合わせた強力なパスワードを設定しましょう。

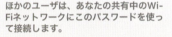

数字やアルファベットを組み合わせたパスワードを設定しましょう。

2 通信量の上限をチェックする

契約プランの通信量の上限を超えてもスマホが使えなくなるわけではありませんが、通信速度が非常に遅くなります。仕事のやり取りにも支障が出る恐れがあるので、テザリングの利用前は残りのデータ通信量を確認しましょう。残量が少なければ公衆無線LANを使うか、テザリング状態での動画鑑賞や、容量が重いファイルのダウンロードは控えましょう。

利用済みの通信量はキャリアのサポートサイトから確認できます。

第2章 外出先でも困らない！インターネット接続ワザ

Section
027 iPhoneのテザリングでネットの情報収集を行う

iPhoneでテザリングを利用するときは、<設定>アプリで<インターネット共有>をオンに切り替えます。あとはSurfaceでiPhoneのネットワークに接続すると、インターネットが利用できるようになります。

1 iPhoneのインターネット共有をオンにする

❶ ホーム画面で<設定>をタップし、<設定>アプリを起動します。

❷ <インターネット共有>をタップして、

❸ Wi-Fiのパスワードを設定し、

"インターネット共有"をオンにするとiPhoneのインターネット接続を共有できます。追加料金が発生する場合があります。同じiCloudアカウントにサインインしているほかのデバイスでは"インターネット共有"を手動でオンにしなくてもインターネット接続を共有できるようになります。

"Wi-Fi"のパスワード　12345678

❹ <インターネット共有>をタップします。

❺ Wi-Fiがオフの場合はメッセージが表示されるので、<Wi-Fiをオンにする>をタップします。

2 iPhoneのネットワークに接続する

① P.49を参考に、Wi-Fiのネットワーク一覧を表示します。

② 自分のiPhone名のネットワークをクリックし、

③ 前ページの手順❸で設定したパスワードを入力して、

④ <次へ>をクリックします。

⑤ iPhoneのネットワークに接続が完了します。

Memo ネットワーク名はどうやって確認する?

前ページ手順❹で<インターネット共有>をオンにすると、画面下部でiPhoneのネットワーク名を確認できます。多くの場合「○○○(名前)のiPhone」と設定されています。

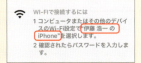

第2章 外出先でも困らない！インターネット接続ワザ

55

第 2 章 外出先でも困らない！インターネット接続ワザ

Section 028

Androidのテザリングでネットの情報収集を行う

Androidスマホでは、＜設定＞アプリでテザリングをオンに切り替えます。Androidスマホの場合は、機種やOSのバージョンによってメニュー名や手順が少しずつ変わるので注意しましょう。ここではNexus 5を例に説明します。

1 Androidスマホのテザリングをオンにする

❶ アプリケーション画面で＜設定＞をタップして、＜設定＞アプリを起動します。

❷ ＜もっと見る＞をタップし、

❸ ＜テザリングとポータブルアクセスポイント＞をタップして、

❹ ＜Wi-Fiアクセスポイントをセットアップ＞をタップします。

❺ ネットワーク名やパスワードを設定し、

❼ <ポータブルWi-Fiアクセスポイント>をタップしてオンにします。

❻ <保存>をタップします。

2 Androidスマホのネットワークに接続する

❶ 上記手順❺のネットワークをクリックし、

❷ <接続>をクリックします。

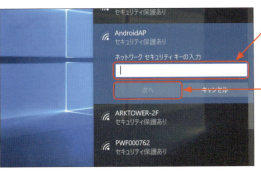

❸ セキュリティキーを入力して、

❹ <次へ>をクリックすると、Androidのネットワークに接続されます。

第2章 外出先でも困らない！インターネット接続ワザ

Section 029

公衆無線LANで
インターネットを楽しむ

テザリングは便利な機能ですが、利用中はスマホの通信量を消費してしまいます。カフェやお店でインターネットを使うときは公衆無線LANを活用しましょう。ここではおすすめの公衆無線LANをいくつか紹介します。

1 カフェで使える公衆無線LAN

● Renoir Miyama Wi-Fi

URL

https://www.ginza-renoir.co.jp/wifi/

利用可能時間	料金
3時間（1日1回まで）	無料

特長

ビジネスマン御用達の喫茶店ルノアールで利用できる公衆無線LAN。まずは上記のサイトに空メールを送り、返信されたコードで公式サイトにログインします。するとWi-Fiにアクセス用のパスワードがわかります。ルノアールで仕事や打ち合わせのときに重宝します。

● at_STARBUCKS_Wi2

URL

http://starbucks.wi2.co.jp

利用可能時間	料金
1時間	無料

特長

スターバックス店舗内で利用できる公衆無線LAN。デスクトップからネットワークに接続後、利用規約に同意すると店内でインターネットが使えます。

2 コンビニで使える公衆無線LAN

●セブンスポット

URL
http://webapp.7spot.jp/

利用可能時間	料金
1時間（1日3回まで）	無料

特長
全国のセブンイレブンで利用できる公衆無線LANです。利用する際はまず上記のサイトから会員登録を行いましょう。

● LAWSON Wi-Fi サービス

URL
http://www.lawson.co.jp/service/others/wifi/

利用可能時間	料金
1時間（1日5回まで）	無料

特長
ローソンで利用できる公衆無線LANです。使いかたは7スポットとほぼ同じですが、こちらは1日5回まで利用できます。

3 キャリアが提供している公衆無線LAN

● docomo Wi-Fi ／月額300円プラン

URL
https://www.nttdocomo.co.jp/service/wifi/docomo_wifi/

利用可能時間	料金
無制限	月額300円※1

特長
docomoが提供する公衆無線LANで、お店やホテル、駅などで利用できます。Surfaceで利用するには上記のサイトから月額300円で申し込みます（次ページ参照）。

※1 docomo ユーザーのみ

第2章 外出先でも困らない！インターネット接続ワザ

第2章 外出先でも困らない！インターネット接続ワザ

Section
030

安全でどこでもつながる公衆無線LANと契約する

公衆無線LANは、事前にWeb上で会員登録が必要な場合がほとんどです。会社や自宅で事前に手続きを済ませておきましょう。ここではdocomoユーザーがお得に使えるdocomo Wi-Fiの登録手続きを紹介します。

1 docomo Wi-Fiに申し込む

❶ Webブラウザで公式サイト（https://www.nttdocomo.co.jp/service/wifi/docomo_wifi/about/bill_plan_300/index.html）にアクセスします。

❷ ＜ネットでお申し込み＞を選択します。

❸ dアカウントを入力し、

❹ ＜ログイン＞をクリックします。

Memo　dアカウントが未取得の場合

＜dアカウントを発行する＞をクリックし、取得しましょう。

❺ docomo Wi-FiのID設定を行います（ここでは＜IDを自動で発行する＞）。

❻ docomo Wi-Fiのパスワードを入力し、

60

7 受付メールの送信先を選択し、

8 <次へ>をクリックします。

9 手続き内容を確認し、

10 <お手続きを完了する>をクリックすると、

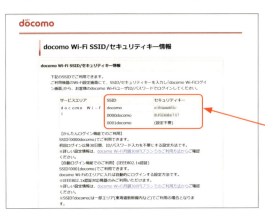

11 docomo Wi-Fiの設定手続きが完了します。

12 docomo Wi-FiのSSIDとセキュリティキーを確認できます。必ずメモしておきましょう。

第2章 外出先でも困らない！インターネット接続ワザ

Memo

docomoWi-Fi以外の公衆無線LANサービス

docomoユーザー以外の場合は、その他の公衆無線LANサービスを利用するほうが安くなります。auユーザーの場合はau Wi-Fi（300円/月）、キャリアを問わずに利用できる Wi2 300 公衆無線LAN（362円/月）などがおすすめです。どちらも日本全国にサービスを展開しています。

61

第2章 外出先でも困らない！インターネット接続ワザ

Section
031

公衆無線LANに接続してネットを楽しむ

申し込みが完了したら、公衆無線LANにアクセスしましょう。ネットワークに接続後、ブラウザを表示するとログイン画面が表示されるので、P.60で設定したログイン情報を入力すると、インターネットが使えます。

1 docomo Wi-Fiにアクセスする

❶ P.49を参考に公衆無線LANのネットワーク一覧を表示します。

❷ 公衆無線LANのネットワーク（ここでは<0000docomo>）をクリックし、

❸ <接続>をクリックします。

❹ セキュリティキーを入力し、

❺ <次へ>をクリックします。

62

6 Webブラウザを表示すると、docomo Wi-Fiのログイン画面が表示されます。

7 ログイン情報（ここではP.61で設定したIDとパスワード）を入力し、

8 ＜ログイン＞をクリックすると、

9 ログインが完了します。

10 画面上部からタブを追加すると、

11 インターネットが使えるようになります。

Memo
パスワードなしの公衆無線LANは絶対NG

公衆無線LANの一覧では、「オープン」と表記されたパスワードの入力が不要なネットワークが表れます。しかしこれは、ネットワークでやり取りしたメールなどの内容を誰かに傍受される恐れがあるため、大変危険です。絶対にアクセスしないようにしましょう。

第2章 外出先でも困らない！インターネット接続ワザ

Section 032

過去にアクセスしたWi-Fiに接続されないようにする

初期状態のSurfaceは、過去に利用した無線LANのエリアに入ると自動的に再接続されるように設定されています。脆弱な無線LANにいつの間にか接続されると困るので、使わないネットワークは削除しておきましょう。

1 過去にアクセスしたWi-Fiの設定を削除する

❶ スタートボタンをクリックし、

❷ <設定>をクリックします。

❸ <ネットワークとインターネット>をクリックし、

❹ <Wi-Fi>をクリックして、

❺ <既知のネットワークの管理>をクリックします。

❻ 削除したいWi-Fiをクリックし、

❼ <削除>をクリックします。

第2章 外出先でも困らない！インターネット接続ワザ

Section 033

セキュリティを高めて公衆無線LANの脆弱性をカバー

ネットワークには、プライベートネットワークとパブリックネットワークの2つの接続方法があります。外出先の無線LANを利用するときは、ほかのコンピューターからの接続を防ぐパブリックネットワークに設定しておいたほうが安全です。

1 ＜PCの検出＞をオフにする

① ＜設定＞アプリを起動し、＜ネットワークとインターネット＞をクリックします。

② ＜Wi-Fi＞をクリックし、

③ 接続中のWi-Fi（ここでは＜0000docomo＞）をクリックします。

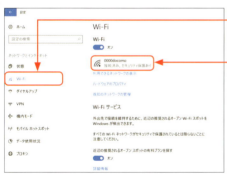

④ 「このPCを検出可能する」の項目をオフに切り替えると、パブリックネットワークに設定されます。

第2章 外出先でも困らない！インターネット接続ワザ

Section 034

モバイルルーターの仕組みと買いかたを知る

モバイルルーターを使う場合は、「SIMとセットで購入する」「ルーター単体で購入する」という2つの方法を選択できます。モバイルルーターの仕組みも知ったうえで、どちらの方法で買うか決めましょう。

1 モバイルルーターの仕組み

　Wi-Fiルーターとモバイルルーターは一見似ているようですが、Wi-Fiルーターがネットワークとの中継機であるのに対し、モバイルルーターにはスマートフォンと同じくSIMが搭載されています。このSIMから携帯回線で通信を行うことで、どこにいてもインターネットを利用できます。

　通常はSIMとモバイルルーターをセットで購入しますが、モバイルルーターだけを単体で購入することもできます。この場合は格安SIMを別途購入したあとルーターにセットして、Surfaceをインターネットに接続します。

Surface

モバイルルーター

インターネット

スマートフォン

モバイルルーターはテザリングと同じように、携帯回線を使ってSurfaceをインターネットに接続します。

2 モバイルルーターとSIMをセットで購入する

　モバイルルーターとSIMをセットで購入する場合は、プランへの申し込みが必要です。機種やプロバイダー、料金プランの選択肢は狭まりますが、逆に言えば機種を購入しさえすれば、簡単・確実にモバイルルーターの利用がはじめられるというメリットがあります。

● FREETEL ARIA2

URL	https://www.freetel.jp/product/wifi/aria2/
料金	月額3,980円（使い放題プラン、スマートコミコミで端末代金込み）
通信速度	下り最大150Mbps／上り最大50Mbps
特長	大容量のバッテリーを搭載し、最大で約17時間稼働します。月ごとのデータ容量にも制限がなく、動画などのコンテンツも存分に楽しめます。

3 モバイルルーターを単体で購入する

　上記の方法よりもできるだけ月々の通信費を削減したいときは、ルーターとSIMをそれぞれ購入するとよいでしょう。購入の際はメーカーの公式サイトで、対応している格安SIMを探し、自分に合ったプランを選びましょう。

● Aterm MR05LN

URL	https://121ware.com/product/atermstation/product/mobile/mr05ln/
料金	（端末代のみ）約2万円 （UQmobileデータ高速プラン 3GBの場合）毎月980円
通信速度	下り最大375Mbps（LTE-Advanced）／上り最大50Mbps
特長	LTE-Advancedで高速通信が可能で、2枚のSIMを使い分けられるモバイルルーターです。タッチパネル式ディスプレイでSIMの切り替えやネットへの接続も簡単に行えます。

第2章 外出先でも困らない！インターネット接続ワザ

Section 035

海外でもネットを使うなら モバイルルーターをレンタル

出張や旅行で海外で行くとき、現地でSurfaceをインターネットに接続したいときは、キャリアのサービスよりもモバイルルーターをレンタルしたほうが安く済みます。下記のサイトや表を参考にして、出発前に申し込みましょう。

1 海外でモバイルルーターを使うメリット

　海外でインターネットを使うときは、テザリングや公衆無線LANはおすすめしません。通信量の料金やセキュリティ面など、不明点が多いためです。レンタル式のモバイルルーターなら料金も定額で、渡航先向けにレンタル会社が回線を設定してくれるので、現地に到着してからスムーズに使えます。

●グローバルWiFi

レンタル式のモバイルルーターは、公式サイトからWebを通じて申し込めます。具体的な手順は次ページを参照しましょう。

●海外でのインターネット料金（香港へ渡航した場合）

提供元	利用期間	料金	プラン
ドコモ	1日	980円	海外1dayパケ（データ通信量30MB）
ソフトバンク	1日	2,980円	海外パケットし放題（25MBまで1,980円）
au	1日	980円	世界データ定額（日本で契約しているパケット契約量を利用）
モバイルルーター	1日	670円	（グローバルWiFi、4G-LTEプラン一日250MBまで）

プランにもよりますが、モバイルルーターならおおむねキャリアサービスの半額から2／3程度の金額でインターネットを使えます。

2 モバイルルーターをレンタルする

❶ WebブラウザからグローバルWiFi（https://townwifi.com/）の公式サイトにアクセスします。

❷ ＜WiFiレンタルお申込み＞をクリックし、

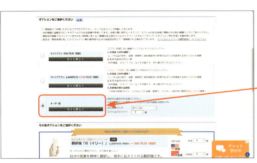

❸ 渡航期間や渡航先について設定します。

❹ 用意されているオプション（ここでは＜オーダー型＞）を選択し、

❺ 画面下部の＜料金確認＞をクリックします。

❻ 料金明細を確認し、

❼ ＜お申込み手続き＞をクリックします。

❽ メールアドレスや住所を入力して、

❾ ＜次へ＞をクリックし、決済方法などを選択して申し込みを完了させます。

Section 036

Wi-Fiを無効にして資料作成などに集中する

企画書やプレゼン資料などの作成に集中したいときは、Wi-Fiをオフに切り替えましょう。バッテリーの節約になるだけでなく、メールやSNSの通知も一切表示されなくなります。

1 Wi-Fiをオフにする

❶ タスクバーの 🎧 をクリックし、

❷ ＜Wi-Fi＞をクリックしてオフに切り替えます。

第3章

より便利に!
アクセサリー&外部機器
の活用ワザ

第3章 より便利に！アクセサリー&外部機器の活用ワザ

Section 037

Surfaceがもっと便利になる5つのアクセサリ

Surfaceは単体でも十分使い勝手のよいパソコンですが、画面出力用のアダプターやワイヤレスマウスなどを使えば、さらに活躍の幅が広がります。本章ではこれら外部アクセサリの使いかたを中心に解説していきます。

1 Surfaceを進化させる5つの外部アクセサリ

　タッチパッドではなくマウスで操作したい、もっと大きな画面で作業したい、仕事のファイルをバックアップしたい——。このようなときはぜひ外部アクセサリを活用しましょう。具体的な使いかたはP.74以降で解説しますが、ここではビジネスで役立つ外部アクセサリの種類と、どのような場面で役立つかを紹介します。

●ワイヤレスのマウス・キーボード

　Surfaceには便利なタッチパッドがありますが、やはり、マウスを使った方がスピーディーな操作が可能です。また、本章で紹介するワイヤレスタイプのキーボードを利用すれば、会社のパソコンとSurfaceで接続先を切り替えながら、文字を入力できます。

●画面出力用の変換アダプター

　プレゼンテーションのためにプロジェクターへSurfaceの画面を出力するときは、VGAやHDMIに変換するアダプターを用意しておくと安心です。アダプターは外部ディスプレイに接続して、2画面で作業を行うときも役立ちます。

● ストレージや光学ドライブ

　Surfaceは保存容量が限られているため、microSDカード（Surface Proのみ）やUSBメモリの併用をおすすめします。DVDなどに保存されたファイルを読み込むときは、外付け光学ドライブを使います。

● ネットワークアダプター

　SurfaceにはLANコネクタが搭載されていないため、有線LAN環境で作業するときには別途ネットワークアダプタが必要です。

● 保護ケースやバッグ

　Surfaceを鞄に入れて移動するときは、画面保護のためにケースの中へ入れておきましょう。また、専用のバッグに収納しておけば移動中の衝撃で故障することも防げます。

| Hint | スタイリッシュな純製アクセサリ |

本章ではさまざまなメーカーのアクセサリを紹介していきますが、Surfaceには純製アクセサリが多数用意されています。Surfaceの公式サイト（https://www.microsoft.com/ja-jp/surface）の＜アクセサリ＞の項目から調べてみましょう。

第3章　より便利に！アクセサリー＆外部機器の活用ワザ

第3章 より便利に！アクセサリー&外部機器の活用ワザ

Section

038 ワイヤレスマウスで作業効率を飛躍的にアップ

エクセルやワードで資料を作るときは、タッチパッドより細かな操作がしやすいマウスのほうが便利です。ワイヤレスタイプのマウスならケーブルが邪魔にならず、ペアリング（接続）後はマウスの電源を入れるだけで使えます。

1 ワイヤレスマウスをペアリングする

名前	ELECOM CAPCLIP
メーカー	エレコム
価格	5,310円（税抜）
概要	キャップ方式で持ち運びのときは小さく収納できるモバイルマウスです。鞄の中のスペースを少しでも確保したい人におすすめです。

❶ Bluetoothマウスのペアリングボタンを押してペアリング状態にします。

❷ P.64を参考に＜設定＞アプリを起動し、＜デバイス＞→＜Bluetoothとその他のデバイス＞をクリックします。

❸ ＜Bluetoothまたはその他のデバイスを追加する＞をクリックします。

Hint　Bluetoothとペアリング

Bluetoothとは、デジタル機器を無線で接続し、音声通信やデータ通信を行う仕組み・規格のことです。Bluetoothに対応する製品同士を接続し、使用できる状態にすることをペアリングといいます。

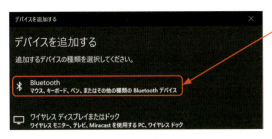

④ <Bluetooh>をクリックします。

⑤ <マウス>をクリックし、

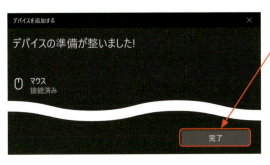

⑥ 「デバイスの準備が整いました!」と表示されたら<完了>をクリックします。

⑦ 手順❸の画面でペアリングされていることを確認できます。なお、ペアリング後もタッチパッドとの併用が可能です。

第3章 より便利に！アクセサリー＆外部機器の活用ワザ

Memo ペアリングを解除する

前ページ手順❸の画面で、接続しているアクセサリをクリックして、<デバイスの削除>をクリックすると、ペアリングを解除できます。

第3章 より便利に！アクセサリー&外部機器の活用ワザ

Section
039

複数のパソコンで文字入力ワイヤレスキーボード

SurfaceとデスクトップPCの両方を操作していると、机の大部分がキーボードで占領されてしまいます。ここで紹介するワイヤレスキーボードなら、簡単にペアリング先を切り替えられるので、効率よく2台のパソコンを操作できます。

1 Universal Foldable Keyboardを接続する

名前	Universal Foldable Keyboard
メーカー	Microsoft
価格	9,980円（税抜）
概要	薄い折り畳み型のBluetoothキーボードです。本体のボタンを押して、接続した2つのデバイスのどちらで文字を入力するか決められます。

❶ Universal Foldable Keyboardを開くと電源が入ります。

❷ キーボード左上のボタンでペアリングを行います。「1」で会社のパソコンとペアリングしている場合は、「2」を数秒間押し続けます。ペアリング後は「1」か「2」を押すと、接続先を切り替えられます。

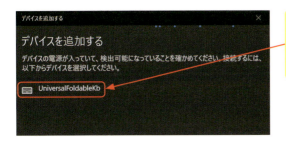

3 P.75 手順❺の画面を表示し、キーボードの名前をクリックします。

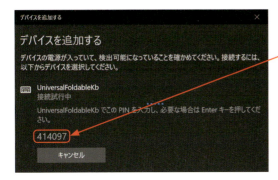

4 キーボードでパスワードを入力し、Enterキーを押します。

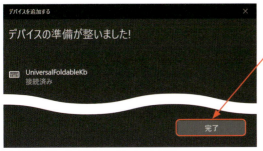

5 「デバイスの準備が整いました」と表示されたら<完了>をクリックします。

6 会社のパソコンやSurfaceで文字を入力できるようになります。

第3章 より便利に！アクセサリー&外部機器の活用ワザ

Section
040

会社のUSBフルキーボードで資料を作成

Surface Proの場合、タイプカバーのキーボードの打鍵感やキー配列が合わないときは、思い切ってデスクトップ用のキーボードを使いましょう。テンキーが用意されており、エクセルの資料に数字を入力するときにも便利です。

1 USBスリムキーボードを接続する

名前	USBスリムキーボード SKB-SL17BKN
メーカー	サンワサプライ
価格	4,800円（税抜）
概要	パソコンでUSB接続するタイプの小型キーボードです。デスクのスペースを取らずに、文字を快適に入力できます。

① キーボードのUSBケーブルをSurfaceに接続し、「デバイスのセットアップ」の通知を確認します。

② P.74手順❸の「Bluetoothとその他のデバイス」画面を表示すると、キーボードが接続されていることを確認できます。

Section 041

テレビ電話や音楽鑑賞が快適なワイヤレスヘッドセット

カフェで音楽を聴きながら仕事をしたり、自宅で映画を見たり、Skypeのビデオ通話で話すときには、ワイヤレスヘッドセットがおすすめです。ケーブルが邪魔にならず、席を立つときも耳から外す必要がありません。

1 AirPodsを接続する

名前	AirPods
メーカー	Apple
価格	16,800円（税抜）
概要	耳に付けると音楽が自動再生される、ワイヤレスタイプのヘッドフォンです。マイクも内蔵されており、Skypeなどで通話するときに使えます。

❶ 本体裏のボタンを長押しして、ペアリング可能な状態にします。

❷ P.74 手順❷〜❻を参考に、Surfaceとペアリングをおこないましょう。

第3章 より便利に！アクセサリー&外部機器の活用ワザ

Section 042

プレゼンや映画鑑賞で活躍 モニター出力用アダプター

Surfaceはプロジェクターやモニターに画面を出力できます。複数の人でディスプレイを見るときや、映画などを大きな画面で視聴する場面では外部ディスプレイを利用すると便利です。

1 Surfaceを画面に出力する際に必要な機器

Surface の本体には Mini DisplayPort が搭載されています。モニターやプロジェクターと接続するには、機器の入力ケーブルの種類に合わせた変換アダプターが必要です。

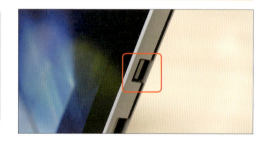

● VGA ケーブルに接続する場合

名前	Mini DisplayPort-VGA変換アダプタ AD-MDPVGABK
メーカー	エレコム
価格	4,700円（税抜）
概要	Mini DisplayPortをVGAに変換して、ディスプレイにSurfaceの画面を出力するためのアダプターです（具体的な手順は右ページを参照）。

● HDMI ケーブルに接続する場合

名前	Mini DisplayPort－HDMI変換アダプタ AD-MDPHDMIWH
メーカー	エレコム
価格	3,400円（税抜）
概要	MIni DisplayPortをHDMIに変換するためのアダプターです。HDMIケーブルの先端をこのアダプターにつないだあと、Surfaceのポートに接続しましょう。

2 Surfaceを外部ディスプレイに接続する

① VGAケーブルの先端を、変換アダプターにセットします。

② アダプターの先端をSurface本体のMini DisplayPortに差し込みます。

③ ケーブルの反対側をディスプレイのVGAポートに接続します。

④ P.82を参考に、ディスプレイの設定を＜複製＞にします。

Hint 🔍 HDMIとVGA

映像の入出力端子には、VGA、DVI、HDMI、DisplayPortの4つがよく使われています。最近のパソコンや液晶モニターはHDMI端子での接続が主流ですが、古いプロジェクターはVGA端子しか搭載していない機種も少なくありません。プロジェクターを使用してのプレゼン機会が多いのであれば、VGA変換アダプターも準備しておいたほうが安全です。

第3章 より便利に！アクセサリー&外部機器の活用ワザ

Section
043

プレゼン用の資料を
プロジェクターで発表する

プレゼンテーションでプロジェクターを利用するときも、外部ディスプレイと同じ方法でSurfaceをつなげば画面を出力できます。出力後はPowerPointでスライドショーを開始して、プレゼンテーションを進めましょう。

1 プロジェクターにつないでプレゼンする

① P.81を参考にSurfaceとプロジェクターをケーブルで接続します。

② 🖵 →＜表示＞をクリックしたあと、

③ ＜複製＞をクリックし、Surfaceの画面をプロジェクターに出力します。

④ スタートメニューから＜PowerPoint＞を起動し、資料を開きます。

⑤ メニューより＜スライドショー＞をクリックし、

⑥ ＜最初から＞をクリックします。

❼ PowerPoint のスライドがプロジェクターに出力されます。

❽ ◀か▶をクリックするとスライドを切り替えられます。

❾ プロジェクターでは左の画面のように表示されます。

❿ Surface ペンを使えば、文字を書き足すこともできます（P.157 参照）。

⓫ ＜スライドショーの終了＞をクリックすると、スライドショーが終了します。

第3章 より便利に！アクセサリー&外部機器の活用ワザ

第3章 より便利に！アクセサリー&外部機器の活用ワザ

Section 044

無線出力で大きな画面に資料を映す

外部ディスプレイに出力するとき、有線接続ではケーブルが絡まって煩わしい場合は、ワイヤレスタイプのアダプターがおすすめです。画面の表示範囲の設定のために、専用のアプリをインストールしておきましょう。

1 Surfaceと外部ディスプレイを無線で接続する

名前	Microsoft Wireless Display Adapter
メーカー	Microsoft
価格	6,980円（税抜）
概要	両端の端子をHDMIとUSBのポートに接続すると、画面を無線で出力できます。ポートが離れているときは同梱の拡張ケーブルを使いましょう。

① 外部ディスプレイにMicrosoft Wireless Display Adapterを接続し、スタンバイの状態にします。

② P.178を参考に＜Microsoft ワイヤレスディスプレイ＞をインストールします。

③ 🖥をクリックし、

④ ＜接続＞をクリックします。

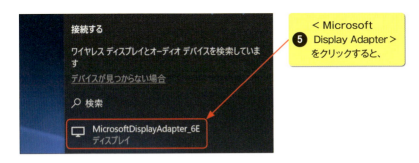

⑤ <Microsoft Display Adapter>をクリックすると、

⑥ 外部ディスプレイにSurfaceの画面が表示されます。

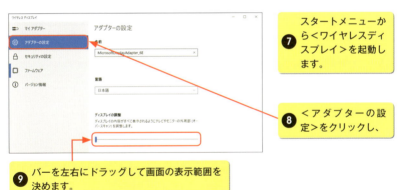

⑦ スタートメニューから<ワイヤレスディスプレイ>を起動します。

⑧ <アダプターの設定>をクリックし、

⑨ バーを左右にドラッグして画面の表示範囲を決めます。

Memo 接続を切断する

Surfaceの画面でアクションセンターを表示し、<接続>→「Microsoft Display Adapter」の<切断>をクリックすると接続を解除できます。

第3章 より便利に！アクセサリー&外部機器の活用ワザ

85

第3章 より便利に！アクセサリー&外部機器の活用ワザ

Section 045

ディスプレイを増やして作業スピードを上げる

Surfaceと外部ディスプレイをケーブルで接続すると、両者の画面を連結できます。これにより表示スペースが広がって、より多くの仕事を同時にこなせるようになります。

1 デュアルディスプレイにする

① P.81を参考にケーブルでSurfaceとディスプレイを接続します。

② 🖵→＜表示＞をクリックしたあと、

③ ＜拡張＞をクリックすると、

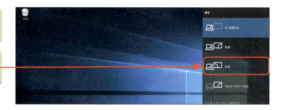

④ Surfaceとディスプレイの間で、ウィンドウを行き来できるようになります。

Memo 複製と拡張の違い

手順❸で＜複製＞をクリックすると、Surfaceと同じ画面が外部ディスプレイに表示されます。また＜セカンドスクリーンのみ＞をクリックすると、Surfaceのディスプレイには何も表示されず、外部ディスプレイだけに画面が表示されます。旅行の写真を家族で鑑賞するようなときに便利です。

第3章 より便利に！アクセサリー＆外部機器の活用ワザ

Section 046

大事な資料や写真などを microSDカードに保存

Surface ProにはmicroSDカードスロットが搭載されています（ほかのSurfaceシリーズには未搭載）。microSDカードに不要なデータを移せば、Surfaceの保存容量を節約できるほか、故障のときにもデータを復元できます。

1 microSDカードにデータを保存する

❶ Surface Pro のカードスロットに microSD カードをセットします。

❷ エクスプローラーを起動して、画像を保存したいフォルダーを表示し、

❸ microSD カードのフォルダーまでドラッグします。

87

第3章 より便利に！アクセサリー&外部機器の活用ワザ

Section
047

USBメモリでパソコンのデータをSurfaceに移す

同僚や上司のパソコンから複数のファイルをやり取りするようなときは、USBメモリに保存して手渡ししたほうが確実です。ファイルを自分のパソコンにコピーしたあとは、エクスプローラーからUSBメモリを取り外しましょう。

1 USBメモリからファイルをコピーする

① SurfaceのUSBポートにUSBメモリを差し込みます。

② エクスプローラーを起動し、USBメモリのフォルダーをクリックして開きます。

③ USBメモリ内のファイルをウィンドウの外にドラッグしてコピーします。

④ エクスプローラーでUSBメモリのフォルダーを右クリックして、

⑤ <取り出し>をクリックし、USBメモリを取り外します。

第3章 より便利に！アクセサリー&外部機器の活用ワザ

Section 048

複数のUSB機器を同時に利用するUSBハブ

SurfaceにはUSBポートが1つしかないため、複数の機器を同時につなぐには、USBハブが必要です。USBハブはおおまかに2つのタイプがあるので、目的に応じて使い分けましょう。

1 2つのUSBハブを使いこなす

　USBハブには、コンセントから電気を供給する「セルフパワー」タイプと、パソコンにつなぐと自動的に稼働する「バスパワー」タイプの2種類があります。プリンタやスキャナといった大型の機器をつなぐときは前者、マウスやキーボードといった小型の機器をつなぐときは後者の利用をおすすめします。

名前	USB-HGW410BKN
メーカー	サンワサプライ
価格	4,241円（税抜）
概要	USB 3.0に対応したセルフパワータイプのUSBハブです。データの転送速度が速く、外付けDVDドライブを介してファイルを保存したいときなどに役立ちます。

名前	BSH4U25BK
メーカー	BUFFALO
価格	1,380円（税抜）
概要	重量が約35gと軽いバスパワータイプのUSBハブです。USB 2.0に対応しており、キーボードやマウスを同時につないでも問題なく動作します。

Memo USB 3.0を利用するときの注意点

USB 2.0と3.0では、データの転送速度が約10倍ほど違います。ただし、その機能をフルに発揮するには、転送先のアクセサリもUSB 3.0に対応しているなければなりません。外部アクセサリを買うときは、USB 3.0に対応しているか確認しましょう。

第3章 より便利に！アクセサリー&外部機器の活用ワザ

Section 049

Surfaceドックで
デスクトップPC化する

SurfaceをデスクトップPCとして利用する場合、ネックとなるのが周辺機器を接続するためのポートが不足していることです。メインPCとしてオフィスでも利用するなら、ポートを拡張するSurfaceドックの利用をおすすめします。

1 Surfaceドックでポートを拡張する

名前	Surfaceドック
メーカー	Microsoft
価格	25,400円（税抜）
概要	Surfaceに接続して、USBやMini DisplayPortなどを拡張できます。SurfaceをメインPCとして活用したいときに役立ちます。

SurfaceConnectポートにSurfaceドックを接続すると、さまざまな周辺機器が同時に使えます。

Memo Surfaceドックで搭載されているポート一覧

Surfaceドックには、下記のポートが搭載されています。

・Mini DisplayPort x 2
・ギガビット イーサネット ポート x 1
・USB 3.0 ポート x 4
・オーディオ出力ポート x 1

第3章 より便利に！アクセサリー&外部機器の活用ワザ

Section 050

テレビチューナーで野球などの試合中継を見る

ひいきにしているスポーツチームがあるが、仕事が忙しくてなかなか観戦にいけない。そうしたときには帰宅中に専用のチューナーを使って、テレビの試合中継を受信しましょう。

1 チューナーでテレビ番組を受信する

名前	PIX-DT300
メーカー	PIXELA
価格	6,463円（税抜）
概要	USB形式でSurface本体に差し込んで、テレビ番組を受信します。実際に利用するには、アプリを別途インストールする必要があります。

まずは公式サイト（http://www.pixela.co.jp/products/mobile/pix_dt300/support.html）で使いかたを参照しましょう。

＜ストア＞アプリか公式サイトから＜ StationTV S ＞をインストールし、テレビ番組を視聴しましょう。

91

第3章 より便利に！アクセサリー&外部機器の活用ワザ

Section 051

DVDに保存した書類や写真をSurfaceに取り込む

SurfaceにDVD内のデータを取り込みたいときや、パソコン内のデータをバックアップしたいときは、外付けDVDドライブを利用します。DVDの動画を鑑賞するときは、専用のソフトが別途必要です。

1 外付けDVDドライブからデータを取り込む

名前	DVSM-PTS58U2-WHD
メーカー	BUFFALO
価格	5,500円（税抜）
概要	ACアダプター不要で使えるDVDドライブです。「Surfaceのバスパワー接続での使用が可能」と謳っているため、安心して利用できます。厚さは14.4mmで重さも300gと小型軽量なので、持ち運びにも便利です。

① 外付けDVDをSurfaceのUSBポートに接続します。

② 写真などが入ったDVDをドライブにセットします。

③ デスクトップに表示される通知をクリックし、

④ 行う操作（ここでは＜フォルダーを開いてファイルを表示＞）を選択します。

5 エクスプローラーでDVD内のファイルが表示されます。

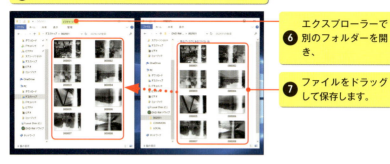

6 エクスプローラーで別のフォルダーを開き、

7 ファイルをドラッグして保存します。

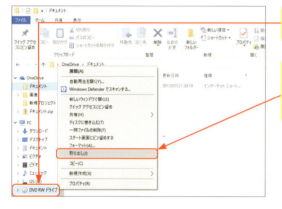

8 ＜DVDドライブ＞を右クリックし、

9 ＜取り出し＞をクリックして、DVDドライブを取り外します。

Hint

DVDにファイルを保存する場合

空のDVDを外付けDVDドライブにセットすると、画面上に書き込み形式の選択を求める画面が表示されます。あとで消去するつもりなら＜USBフラッシュ～＞形式、消去せずにずっと保管するつもりなら＜CD／DVDプレーヤー～＞形式を選択します。そのあとエクスプローラー上でファイルを選択し、＜共有＞タブの＜ディスクに書き込む＞をクリックしましょう。

第3章 より便利に！アクセサリー＆外部機器の活用ワザ

Section
052

会社や自宅の有線LANにつなぐ

一般的なデスクトップパソコンと違い、SurfaceにはLANポートが用意されていません。会社や自宅にWi-Fi環境がなくLANケーブルが敷かれている場合は、有線LANのアダプターを用意して、インターネットを利用しましょう。

1 有線LANでインターネットを安定して使う

名前	LUA4-U3-AGT
メーカー	BUFFALO
価格	1,980円（税抜）
概要	Surfaceで有線LANを使うためのアダプターです。USB 3.0に対応しており、高速なインターネット回線を十分に生かせます。

❶ SurfaceのUSBポートに有線LANアダプタを挿し、アダプタに有線LANケーブルを挿します。

❷ 有線LAN接続でインターネットを利用できます。

第3章 より便利に！アクセサリー&外部機器の活用ワザ

Section
053

社内の文書や旅行の写真などを印刷する

仕事で作成中の文書や、旅行で撮ったお気に入りの写真を印刷したいときは、まずプリンターのドライバーをインストールしましょう。そのあと＜Word＞や＜フォト＞アプリで印刷を行うと、プリンターが選択できるようになります。

1 文章や写真を印刷する

① Surfaceで文書や写真を印刷するときは、USBケーブルか無線LANでプリンターと接続しておきます。

② メーカーの公式サイトから、プリンターのドライバーをダウンロードします。

③ エクスプローラーに保存した実行ファイルを起動して、

④ ＜インストール＞をクリックし、画面の指示に従ってインストールを完了させます。

⑤ 印刷のプレビュー画面を表示すると、

⑥ プリンターが選択できるようになります。

95

第3章 より便利に！アクセサリー&外部機器の活用ワザ

Section 054

外出時も安心な アクセサリーを用意する

Surfaceは軽量でどこにいても役立ちますが、携帯するなら移動中に故障しないよう本体を保護するためのアクセサリーを用意したいところです。ここでは主に、Surface Proの携帯に便利なバッグやケースを紹介します。

1 Surfaceを保護するバッグやケース

名前	ひらくPCバッグ
メーカー	スーパークラシック
価格	20,000円（税抜）
概要	Surfaceやデジタルカメラなどを収納し、ファスナーを開いてサッと取り出せます。見た目もオシャレで、喫茶店などでよく仕事をする人におすすめです。

名前	Surface Pro 2017年モデル用 セミハードポーチ TB-MSP5SHPBK
メーカー	エレコム
価格	2,280円（税抜）
概要	新Surface Pro用のセミハードタイプのケースです。Surfaceペンを収納できるペンホルダも用意されています。

名前	指紋防止エアーレスフィルム TB-MSP5FLFANG
メーカー	エレコム
価格	2,180円（税抜）
概要	Surface Pro 2017年モデル用の液晶保護フィルム。ディスプレイを傷や汚れから守り、指紋も付きにくいので、タッチ操作を行うSurfaceに最適です。

第 4 章

メインPCと
同じ作業環境に!
環境構築ワザ

Section 055

第4章 メインPCと同じ作業環境に！環境構築ワザ

会社や自宅のパソコンとブラウザ情報を共有する

会社ではデスクトップPC、外出先ではSurfaceと使い分けているときに面倒なのが、ブラウザに登録しているブックマークやパスワードなどの管理です。GoogleのChromeならブラウザ環境を同期させて作業できます。

1 Chromeでブラウザ情報を同期する

会社や自宅ではデスクトップPCを使用している場合、そのパソコンとSurfaceでデータが同期されていれば、パソコンの違いを意識することなく、常に同じ環境で作業できます。この同期を簡単に手軽に行えるのが、Googleのブラウザ「Chrome」です。同じGoogleアカウントを使えばChromeのブラウザ環境が同期され、お気に入りや履歴、パスワードなどを共有できます。

● Chromeの特長

会社のパソコンで閲覧していた「お気に入りのサイト」はインポートすることでSurfaceでもそのまま使えます。

これまでに閲覧したWebサイトの履歴や、ショッピングサイトのパスワードなども同期できます。

Memo　ChromeはSurface Laptopでは使用できない

Surface Laptopには「Windows 10 S」というOSが標準搭載されており、このOSではデスクトップアプリをインストールすることができません。本章で紹介しているChromeはデスクトップアプリのため使用できませんが、P.106以降で紹介しているGmailとGoogleカレンダーは、Microsoft Edgeからでも使用可能です。

第4章 メインPCと同じ作業環境に！環境構築ワザ

Section 056

Webページの管理が容易なChromeに乗り換える

Chromeを使えば、別のパソコンで保存しているブックマークなどをSurfaceでも簡単に見ることができます。まずはChromeの公式サイトにアクセスし、インストールを完了させましょう。

1 Chromeをインストールする

1 EdgeでChromeの公式サイト（https://www.google.co.jp/chrome/browser/desktop/index.html）にアクセスします。

2 ＜Chromeをダウンロード＞をクリックし、

3 ＜同意してインストール＞をクリックします。

Memo インストールするパソコン

Chromeのインストールは、ふだん利用しているパソコンと、Surfaceの両方で行ってください。でないと、以降で紹介するお気に入りの共有などが行えません。

4 ダウンロード画面で＜保存＞→＜実行＞をクリックして、

5 プログラムの変更を求める画面が表示されたら、＜はい＞をクリックします。

第4章 メインPCと同じ作業環境に！環境構築ワザ

Section 057

Chromeを標準のブラウザに設定する

Chromeを会社のパソコンにインストールしたら、Microsoft Edgeの代わりに標準のブラウザとして設定します。また、Chromeをタスクバーにピン留めして、すばやく起動できる状態にしておきましょう。

1 既定のアプリを変更する

❶ P.64を参考に＜設定＞アプリを起動します。

❷ ＜アプリ＞→＜既定のアプリ＞をクリックし、

❸ 「Webブラウザー」の＜Microsoft Edge＞をクリックします。

❹ ＜Google Chrome＞をクリックして、標準のブラウザーに設定します。

Memo　Chromeをタスクバーに追加する

Chromeをインストールすると、スタートメニューにアイコンが追加されます。アイコンを右クリックし、＜タスクバーにピン留め＞をクリックすると、以降はタスクバーから起動できます。

第4章 メインPCと同じ作業環境に！環境構築ワザ

Section
058 ブラウザ情報を共有するための準備をする

標準のブラウザに設定するだけでは、まだお気に入りや履歴は共有できません。ふだん利用しているGoogleアカウントでログインする必要があります。同期したいパソコンとSurfaceの両方でログインしておきましょう。

1 GoogleアカウントでChromeにログインする

❶ デスクトップかスタートメニューから< Chrome >を起動します。

❷ 画面右上の︙→<設定>→< CHROME にログイン >をクリックし、

❸ ふだんから利用している Google アカウントのアドレスを入力して、

❹ <次へ>をクリックします。

❺ パスワードを入力して<次へ>をクリックすると、

❻ Chrome へのログインが完了するので、< OK >をクリックします。

Memo Googleアカウントをあらかじめ取得しておく

Chromeでお気に入りや履歴を同期するには、Googleアカウントが必要です。公式サイト（https://accounts.google.com/SignUp?hl=ja）で前もって取得しておきましょう。

第4章 メインPCと同じ作業環境に！環境構築ワザ

Section 059

IEやEdgeのお気に入りをChromeに一元化する

ChromeにGoogleアカウントでログインしたら、ふだん使っているパソコンからEdgeやIEのお気に入りのWebサイトをインポートしましょう。すると、SurfaceのChromeからでもインポートしたWebサイトを閲覧できます。

1 Chromeにお気に入りをインポートする

① 会社や自宅のパソコンで＜Chrome＞を起動します。

② 画面右上の ⋮ をクリックし、

③ ＜ブックマーク＞にマウスポインターを合わせて、

④ ＜ブックマークと設定をインポート＞をクリックします。

⑤ お気に入りを取得するブラウザを選択し、

⑥ ＜お気に入り／ブックマーク＞にチェックを入れて、

⑦ ＜インポート＞をクリックします。

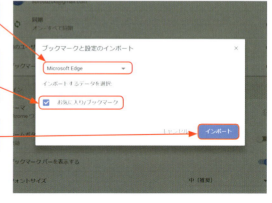

102

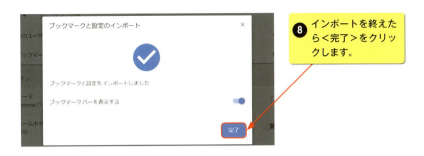

❽ インポートを終えたら<完了>をクリックします。

2 Surfaceで同期されたお気に入りを確認する

❶ SurfaceにChromeをインストールし、P.101の方法で設定したGoogleアカウントでログインします。

❷ 画面右上の ⋮ をクリックし、

❸ <ブックマーク>にマウスポインターを合わせると、インポートしたお気に入りのWebサイトを確認できます。

Memo 見つからないとき

見つからないときは、<お気に入り>や<Edge>などのフォルダーがないか確認してみましょう。

第4章 メインPCと同じ作業環境に！環境構築ワザ

Section
060

ニュースサイトを
ブックマークに登録する

仕事でよく閲覧するニュースサイトやライバル社のWebサイトは、Chromeのブックマークバーに登録するとよいでしょう。常に表示させればすぐにアクセスできるため、情報収集がより楽になります。

1 ブックマークバーを常に表示する

❶ Chromeを起動したあと、画面右上の ︙→＜設定＞をクリックし、

❷ ＜ブックマークバーを表示する＞をオンに切り替えると、

❸ 画面上部にブックマークバーが常に表示されます。

104

2 Webサイトをブックマークバーに登録する

1 ChromeでWebサイトを表示します。

2 ☆ をクリックし、

3 「フォルダ」で<ブックマークバー>を選択し、

4 <完了>をクリックすると、Webサイトがブックマークバーに追加されます。

Hint ブックマークバーにフォルダーを追加する

ブックマークバーを右クリックし、<フォルダを追加>をクリックします。そのあとフォルダ名を入力し、<ブックマークバー>を選択して<保存>をクリックすると、ブックマークバーにフォルダーが追加されます。

第4章 メインPCと同じ作業環境に！環境構築ワザ

Section 061

Gmailで仕事もプライベートのメールも一括管理

複数のPCを併用している場合、クラウド型のメール「Gmail」を利用すると便利です。どの端末からもブラウザやアプリからアクセスでき、既読、未読、送信メールアドレスの管理などを一元化できます。

1 SurfaceでGmailを活用する

　GmailはGoogleが提供する無料のクラウド型メールです。Googleアカウントがあればすぐに利用できます。クラウド型メールの便利な点は、ブラウザがあれば、どのPCからアクセスしても同じ環境で利用できる点です。Surface以外のパソコンからでも、ブラウザからGmailを利用すれば、Surfaceと同じようにメールを操作できます。また、クラウドにアクセスしているため、受信トレイの同期、既読、未読の管理も自動で行われます。Chromeとともに、ぜひ活用しましょう。

● Gmailの特長

Webブラウザから同じGoogleアカウントでログインすれば、どのパソコンからも右のように同じ受信トレイが表示され、メールの返信や送信を行えます。

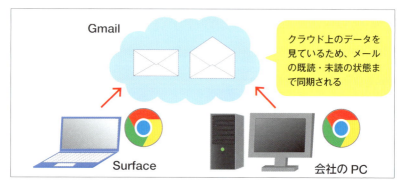

クラウド上のデータを見ているため、メールの既読・未読の状態まで同期される

第4章 メインPCと同じ作業環境に！環境構築ワザ

Section
062

Gmailに仕事のメールアカウントを登録する

Gmailを使用するにあたり、まずは会社のメールアカウントを登録しましょう。設定が完了すれば、外出中でもSurfaceで取引先や上司からのメールを確認したり、送信したりすることができます。

1 Gmailにメールアカウントを追加する

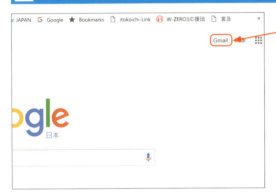

① Chromeを起動し、<Gmail>をクリックします。

Memo ほかのブラウザから起動する

ほかのブラウザの場合は、Google（https://www.google.co.jp/）にアクセスし、<Gmail>をクリックします。

② ⚙ →<設定>をクリックし、

③ <アカウントとインポート>をクリックします。

④ 「他のアカウントでメールを確認」の<メールアカウントを追加する>をクリックし、

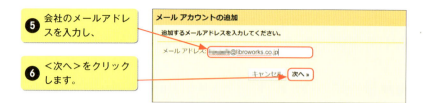

⑤ 会社のメールアドレスを入力し、

⑥ <次へ>をクリックします。

⑦ <他のアカウントからメールを読み込む>にチェックを入れたあと、

⑧ <次へ>をクリックし、

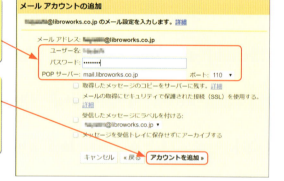

⑨ ユーザー名とパスワード、使用するサーバーとポートを設定して、

⑩ <アカウントを追加>をクリックすると、会社のメールアカウントがGmailに登録されます。

2 Gmailからメールを送信できるようにする

続きの画面で、Gmailから会社のメールアカウントでメールを送信できるように設定します。

① <はい。○○○として~>にチェックを入れ、

② <次へ>をクリックします。

❸ 次の画面で名前を入力し、<次のステップ>をクリックします。

❹ サーバーやポート、パスワードなどを入力したあと、

❺ 接続方法を選択したら、

❻ <アカウントを追加>をクリックします。設定したアカウント宛に確認メールが届きます。

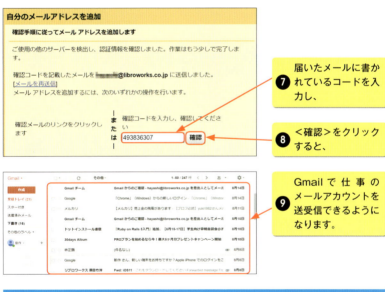

❼ 届いたメールに書かれているコードを入力し、

❽ <確認>をクリックすると、

❾ Gmailで仕事のメールアカウントを送受信できるようになります。

Memo メールアカウントを削除する

P.107手順❹の画面でメールアカウント右側の<削除>をクリックすると、Gmailからアカウントを削除できます。メールアドレスが変更になったときに行いましょう。

Section

063 Gmailからのメールに仕事用の署名を付ける

Gmailを仕事で利用する場合、会社の名前や連絡先を署名として挿入しておくと、新規で連絡する相手からも信用され、返事をもらいやすくなります。はじめに設定しておくとよいでしょう。

1 会社や部署名を署名に入れる

① ⚙ をクリックし、

② <設定>をクリックします。

③ <全般>タブをクリックし、

④ 「署名」からP.108で設定したメールアカウントを選択して、

⑤ 会社名や部署名、連絡先などを入力したあと、

⑥ <変更の保存>をクリックします。

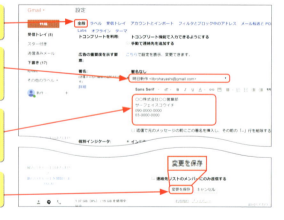

⑦ メールの作成画面で署名を設定したメールアカウントを選択すると、末尾に署名が自動的に挿入されます。

Section 064 メールを受信したアドレスから返信されるようにする

第4章 メインPCと同じ作業環境に！環境構築ワザ

取引先からのメールに返信するとき、ドメインが「@gmail.com」だと相手もいぶかしんでしまいます。そのようなことがないよう、会社のメールアカウントから返信されるようにGmailの設定を変更しましょう。

1 返信に使うメールアドレスを設定する

❶ P.110 手順❶〜❷を参考に Gmail の設定画面を表示します。

❷ <アカウントとインポート>タブをクリックし、

❸ 「名前」の<メールを受信したメールから返信する>にチェックを入れると、

❹ 会社のメールアカウントに届いたメールに返信すると、自動的に差出人が会社のメールアカウントに設定されます。

Section 065

常に「全員に返信」されるようにする

Gmailは、標準ではメールの送信者にのみ返信されます。しかし、Ccに上司や同僚を追加していることも多いでしょう。返信時の動作を「全員に返信」に設定しておけば、Ccに追加されている人にも送り逃しがなくなります。

1 「全員に返信」されるように設定する

❶ P.110 手順❶〜❷を参考にGmailの設定画面を表示します。

❷ <全般>タブをクリックし、

❸ 「返信時のデフォルトの動作」の<全員に返信>をクリックして、

❹ 画面下部の<変更を保存>をクリックします。

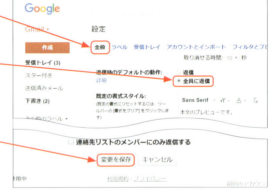

❺ Cc付きのメールを表示すると、<返信>ボタンが<全員に返信>ボタンに変更されています。

第4章 メインPCと同じ作業環境に！環境構築ワザ

Section 066

取引先からの重要なメールを検索する

仕事でいくつかの案件が進行していると、過去のメールを参照したいときもあるでしょう。そうしたときはGmailの検索機能を利用しましょう。「演算子」と呼ばれる条件を指定すると、より目的のメールを見つけやすくなります。

1 演算子を入力してメールを検索する

ここでは、「subject:打合せ　newer_than:2d」と入力して、件名に「打合せ」を含み、2日以内に送られてきたメールを検索しています。

内容	演算子	例
送信者を指定	from:	from:花子
受信者を指定	to:	to:太郎
件名の単語を指定	subject:	subject:夕食
複数の条件を指定	OR または {}	from:花子 OR from:太郎、{from:花子 from:太郎}
検索結果から除外するキーワードを指定	-	夕食 -映画
指定したラベルのメールを検索	label:	label:友人
添付ファイルのあるメールを検索	has:attachment	has:attachment
指定した名前やファイル形式の添付ファイルがあるメールを検索	filename:	filename:宿題.txt
日（d）、月（m）、年（y）を指定して、それより古いメールか新しいメールを検索	older_than: newer_than:	newer_than:2d
指定したサイズより大きいメールを検索（バイト単位）	size:	size:1000000
指定したサイズより大きいまたは小さいメールを検索（バイト単位）	larger: smaller:	larger:10M

第4章 メインPCと同じ作業環境に！環境構築ワザ

Section

067 Googleカレンダーで仕事とオフの予定を管理する

Googleカレンダーはクラウド型のカレンダーで、会社や自宅のパソコン、Surfaceからスケジュールを一元管理できます。また、複数のカレンダーを使い分けられるので、余暇の予定も登録するとよいでしょう。

1 SurfaceでGoogleカレンダーを活用する

　Google カレンダーはクラウド型カレンダーのため、複数のデバイスから利用できます。たとえば、会社のパソコンや Surface、そしてスマートフォンから同じカレンダーを確認でき、その場で予定を追加・修正することが可能です。このほか、カレンダーを見やすくカスタマイズしたり、複数のカレンダーを使い分けたりすることもできます。

• Google カレンダーの特長

複数のカレンダーを使い分けて、仕事や旅行などの予定を効率よく管理できます。

週を月曜はじまりにしたり、土日に色を付けたりしてカレンダーを見やすくすることも可能です。

114

第4章 メインPCと同じ作業環境に！環境構築ワザ

Section 068

会議や打ち合わせの予定を追加する

会議や打ち合わせなどの日時は、Googleカレンダーに登録しておきましょう。外出中でもSurfaceですぐに確認できます。毎週決まった時間に行われる会議なら、「繰り返しの予定」に登録すれば入力の手間が省けて楽です。

1 仕事の日にちや時間を入力する

❶ P.107 手順❶の画面で ▦ →＜カレンダー＞をクリックして、Googleカレンダーを表示します。

❷ 予定を入力したい日にちをクリックし、

❸ ＜編集＞をクリックして、

❹ 予定の名前や日時を入力し、

❺ ＜保存＞をクリックすると予定が追加されます。

Memo 終日の予定や、定期の予定を登録する

手順❹の画面で、出張で1日いないときは＜終日＞、部内会議のように毎週必ずある行事は＜繰り返し＞にチェックを付けると、終日の予定や定期的な予定を登録できます。

第4章 メインPCと同じ作業環境に！環境構築ワザ

Section
069 「日本の祝日」を表示して連休の予定を立てる

「今度の3連休はどこか旅行に行きたい」と考えていたら、Googleカレンダーに日本の休日を表示させましょう。画面左に用意されているチェックボックスをクリックするだけで、簡単に表示／非表示を切り替えられます。

1 「日本の祝日」を表示する

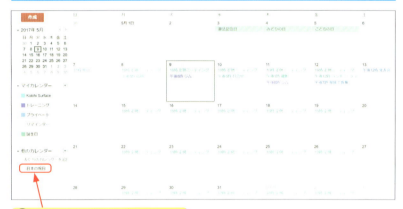

❶ ＜日本の休日＞をクリックします。

❷ Googleカレンダーに日本の休日が表示されます。

第4章 メインPCと同じ作業環境に！環境構築ワザ

Section 070

「月曜日はじまり」の表示に変えて見やすくする

初期状態のGoogleカレンダーは週のはじまりが「日曜」に設定されていますが、土曜か月曜に変更できます。シフトを立てたり1週間の予定をもっとわかりやすく見たいなら、「月曜」はじまりに設定するとよいでしょう。

1 「週の開始日」を月曜にする

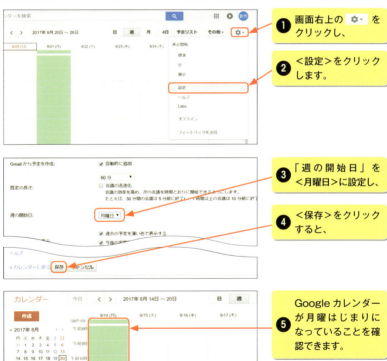

① 画面右上の ⚙︎ をクリックし、
② <設定>をクリックします。
③ 「週の開始日」を<月曜日>に設定し、
④ <保存>をクリックすると、
⑤ Google カレンダーが月曜はじまりになっていることを確認できます。

Section 071

「土日」の色を変えて休日を目立たせる

第4章 メインPCと同じ作業環境に！環境構築ワザ

初期状態のGoogleカレンダーは「土日」の表示が平日と同じ白で表示されていますが、Chromeの機能を拡張すれば好きな色を付けられます。休日を目立たせて予定を立てるときに活用しましょう。

1 G-calizeで土日に色を付ける

① Chrome で Chrome ウェブストア（https://chrome.google.com/webstore/）にアクセスします。

② 「G-calize」と検索欄に入力し、[Enter]キーを押します。

③ G-calize のサムネイルをクリックして、

Memo Laptopでは使えない

ここで紹介しているのはChromeの機能であるため、Chromeをインストールできない Surface Laptopでは利用できません。

④ ＜CHROMEに追加＞→＜拡張機能を追加＞をクリックします。

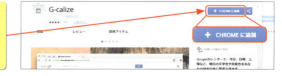

118

⑤ Chrome に G-calize が追加されます。

⑥ G-calize のアイコン→＜オプション＞をクリックし、

⑦ 日曜の「背景色」を設定し、

⑧ 土曜の「背景色」を設定して、

⑨ ＜保存＞をクリックします。

⑩ Google カレンダーで土日の色が変わっていることを確認できます。

第4章 メインPCと同じ作業環境に！環境構築ワザ

Memo アドオンとは？

アドオンは Chromeに追加できる機能のことです。 Chromeウェブストアからインストールし、Chromeの画面上でオン／オフを切り替えられます。ほかにもWeb上の余計な広告をブロックできるアドオンなどが用意されています。気になるものは積極的にインストールして利用しましょう。

119

Section 072 第4章 メインPCと同じ作業環境に！環境構築ワザ

仕事とオフの予定が混同しないように管理する

Googleカレンダーは、1つのアカウントで複数のカレンダーを登録し、画面左側のチェックボックスから、予定の表示／非表示を切り替えられます。仕事の出張と旅行の予定がバッティングしないよう調整するときに便利です。

1 複数のカレンダーを作成して切り替える

❶ Googleカレンダーで「マイカレンダー」の ▼ をクリックし、

❷ <新しいカレンダーの作成>をクリックします。

❸ カレンダー名を入力し、

❹ <カレンダーを作成>をクリックします。

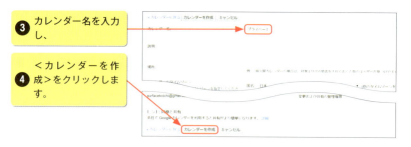

❺ Googleカレンダーに新しいカレンダーが追加されます。

120

❻ P.115を参考にカレンダーの予定の追加画面を表示します。

❼ 「カレンダー」で新しく追加したカレンダーを選択し、

❽ <保存>をクリックします。

❾ 新しいカレンダーに予定が追加されていることを確認できます。

❿ チェックを外すと、カレンダーを非表示にできます。

Hint カレンダーの表示色を変える

追加したカレンダーにマウスポインターを合わせ、▼をクリックすると表示されたメニューでカレンダーの色を変えられます。

第4章 メインPCと同じ作業環境に！環境構築ワザ

Section 073

Surfaceのカレンダーアプリと予定を同期する

Googleカレンダーは便利なサービスですが、予定を確認するにはインターネットに接続しなければなりません。外出先でもすぐに予定を確認できるようにしたい場合は、Surfaceの＜カレンダー＞アプリと同期しましょう。

1 ＜カレンダー＞アプリにアカウントを追加する

❶ スタートメニューから＜カレンダー＞アプリを起動後、画面左下の⚙をクリックし、

❷ ＜アカウントの管理＞→＜アカウントの追加＞をクリックして、

❸ ＜Google＞をクリックします。

❹ Googleアカウントを入力して＜次へ＞をクリックし、

❺ パスワードを入力して、

❻ ＜次へ＞→＜許可＞をクリックします。

❼ ＜カレンダー＞アプリにGoogleカレンダーの予定が追加されていることを確認できます。

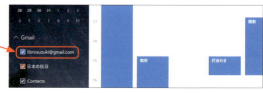

第5章

ビジネス文書を共有!
ファイル連携ワザ

Section 074

OneDriveで上司や同僚と社内資料を共有する

会社のパソコンとSurfaceで仕事のファイルを共有したり、同僚と一緒に編集したいときには、OneDriveが便利です。まずは特長を押さえて、利用をはじめましょう。

1 Officeの資料を作成できるOneDrive

　OneDriveはMicrosoftが提供するクラウドサービスです。Windows 10にはじめから用意されており、会社のパソコンと同じMicrosoftアカウントでSurfaceにサインインすれば、仕事のファイルをSurfaceからいつでも確認できます。さらにブラウザ版のOneDriveならWord、Excelのファイルを作成し、上司や同僚と一緒に開きながら編集することも可能です。

　通常は無料で5GBまで利用できますが、ビジネス用にアップグレードすれば容量と機能を拡充できます。

・OneDriveの特長

OneDriveに保存したファイルは、複数のメンバーで共有したり、編集したりできます。

・OneDriveのプラン

名前	容量	料金	備考
OneDrive	5GB	無料	Webのほかエクスプローラーのフォルダーからもアクセスできます。
OneDrive for Business1	1TB	1人あたり月540円	最大10GBのファイルをアップロードできます。
OneDrive for Business2	無制限	1人あたり月1,090円	ファイルを削除しても完全には消去されず、OneDrive内に一時保管されます。
Office 365 Business Premium	1TB	1人あたり月1,360円	アプリ版のOfficeが使えるようになります。

第5章 ビジネス文書を共有！ファイル連携ワザ

Section
075

エクスプローラーで OneDriveの初期設定を行う

Microsoftアカウントでサインインすると、エクスプローラーに＜ OneDrive ＞のフォルダーが表示されます。パソコン内のファイルがOneDriveへ保存されるように、まずは初期設定を行いましょう。

1 OneDriveの初期設定を行う

1 デスクトップのタスクバーで、＜エクスプローラー＞のアイコンをクリックします。

2 ＜ OneDrive ＞をクリックすると、OneDrive の設定画面が表示されます。

3 ＜次へ＞をクリックし、

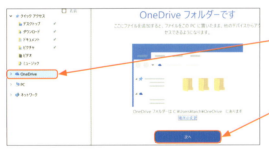

4 同期させるフォルダーを選択して、

5 ＜次へ＞をクリックします。

⑪ <次へ>をクリックしたあと、

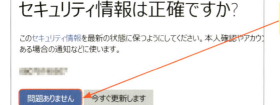

⑫ <問題ありません>をクリックすると、

⑬ 設定が完了し、パソコンのファイルをOneDriveに保存できるようになります。

⑭ ブラウザ版のOneDriveが表示されたら、<×>をクリックして画面を閉じます。

Hint
ローカルアカウントではOneDriveは使えない

<設定>アプリの<アカウント>→<家族とその他のユーザー>から新規作成したローカルアカウントでサインインした場合は、エクスプローラーに<OneDrive>のフォルダーは表示されません。一度サインアウトしてから、Microsoftアカウントでサインインしましょう。

Section 076

メインPCと同じOneDrive を使えるように設定する

会社のパソコンとSurfaceでOneDriveのファイルを共有するには、同じMicrosoftアカウントでサインインしなければなりません。それぞれの端末で違うアカウントを利用しているなら、一度リンクを解除して再びサインインしましょう。

1 OneDriveとのリンクを解除する

① エクスプローラーの＜OneDrive＞フォルダーを右クリックし、

② ＜設定＞をクリックして、

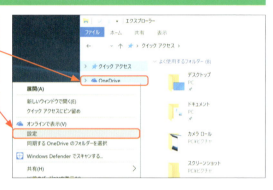

③ ＜このPCのリンク解除＞をクリックしたあと、

④ ＜アカウントのリンク解除＞をクリックします。

2 OneDriveに再サインインする

❶ P.125手順❷の操作を行うと、「OneDriveを設定」画面が表示されます。

❷ Microsoftアカウントのメールアドレスを入力し、

❸ <サインイン>をクリックして、

❹ Microsoftアカウントのパスワードを入力したあと、

❺ <サインイン>をクリックします。

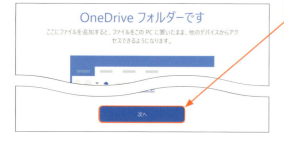

❻ <次へ>をクリックしたあと、

Microsoft OneDrive

⚠ **このフォルダーにはファイルが既に存在します**

"OneDrive" フォルダーとしてこの場所を選択すると、このフォルダー内のファイルは OneDrive に統合されます。選択した場所を使用することも、別の場所を選択することもできます。

[新しい場所を選択] [この場所を使用]

❼ ファイルについて通知が表示されたら、<この場所を使用>をクリックし、

第5章 ビジネス文書を共有！ファイル連携ワザ

129

❽ 同期するフォルダーをクリックし、

❾ <次へ>をクリックします。

❿ 有料プランの通知が表示されたら右上の<×>をクリックして閉じます。

⓫ エクスプローラーで<OneDrive>のフォルダーを開き、

⓬ 任意のフォルダーを開くと(ここでは<ドキュメント>)、

⓭ 会社のパソコンと同じファイルをSurfaceでも開けます。

第5章 ビジネス文書を共有！ファイル連携ワザ

Section 077

同期するフォルダーを変更する

OneDriveはファイルを最新の状態に保つため、メインPCとSurfaceで自動的に同期を行います。しかしその分、Surfaceのハードディスク容量を圧迫してしまうことがあるので、必要なフォルダーだけを同期しましょう。

1 同期するフォルダーを選択する

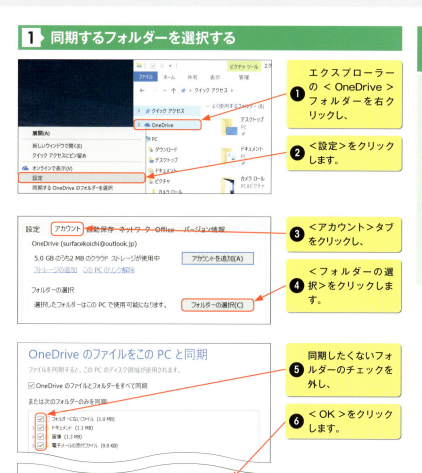

① エクスプローラーの＜OneDrive＞フォルダーを右クリックし、

② ＜設定＞をクリックします。

③ ＜アカウント＞タブをクリックし、

④ ＜フォルダーの選択＞をクリックします。

⑤ 同期したくないフォルダーのチェックを外し、

⑥ ＜OK＞をクリックします。

131

Section 078 共有フォルダーを作って資料を保存する

同じプロジェクトに参加するメンバーが決まったら、OneDriveで共有フォルダーを作りましょう。以降はそのフォルダーに資料を保存するだけで、メンバー同士で共有できます。

1 共有用のフォルダーを作成する

❶ エクスプローラーで＜OneDrive＞のフォルダーを開き、共有用のフォルダーを新規作成します。

❷ 共有用のフォルダーを右クリックし、

❸ ＜その他のOneDrive共有オプション＞をクリックします。

❹ ブラウザ版のOneDriveが開くので、＜編集を許可する＞にチェックを入れたあと、

❺ ＜メール＞をクリックします。

❻ 宛先と本文を入力して、

❼ ＜共有＞をクリックします。

⑧ 相手には左のようなメールが届きます。

⑨ <OneDrive で表示>をクリックすると、

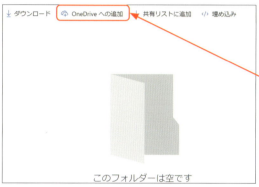

⑩ ブラウザ版の OneDrive が開きます。

⑪ <OneDrive への追加>をクリックし、

⑫ <フォルダーの追加>をクリックすると、

⑬ 相手の OneDrive に共有フォルダーが追加されます。

第5章 ビジネス文書を共有！ファイル連携ワザ

133

第5章 ビジネス文書を共有！ファイル連携ワザ

Section
079

上司や取引先に閲覧用のリンクを送る

共有したファイルを各メンバーで編集するのではなく、完成した資料を上司や取引先に確認してほしい場合は、フォルダーのリンクを送ったほうが簡単です。相手がOneDriveを利用していなくても、ブラウザからファイルを閲覧できます。

1 共有フォルダーのリンクを送る

① エクスプローラーで＜OneDrive＞のフォルダーを表示し、

② ＜ホーム＞タブの＜新しいフォルダー＞をクリックします。

③ 新規作成したフォルダーに名前を付け、

④ 右クリックしたあと＜OneDriveリンクの共有＞をクリックします。

⑤ スタートメニューから＜メール＞アプリを起動します。

⑥ 件名と宛先を入力し、

⑦ Ctrl＋Vキーで共有用のリンクを貼り付け、本文を入力したら、

⑧ ＜送信＞をクリックします。

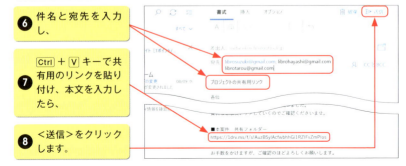

134

第5章 ビジネス文書を共有！ファイル連携ワザ

Section
080

ブラウザから
OneDriveを開く

OneDriveに保存したファイルは、ブラウザから見ることもできます。削除した
ファイルを復元するなど、エクスプローラーからはできない機能もあるので、
表示方法を覚えておきましょう。

1 ブラウザ版OneDriveにアクセスする

❶ OneDriveの公式サイト（https://onedrive.live.com）にアクセスします。

❷ ＜サインイン＞をクリックし、

❸ Microsoftアカウントを入力後、

❹ ＜次へ＞をクリックして、

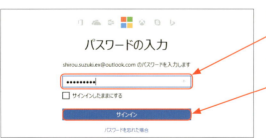

❺ Microsoftアカウントのパスワードを入力し、

❻ ＜サインイン＞をクリックすると、OneDriveのファイルが表示されます。

Memo　すでにサインインされている場合

OneDriveの公式サイトを開いたときに、すでに別のアカウントでOneDriveにサインインされていることがあります。その場合は、画面右上のアカウント名をクリックし、＜サインアウト＞をクリックします。

135

第5章 ビジネス文書を共有！ファイル連携ワザ

Section 081

OneDrive上でOfficeファイルをササッと編集する

OneDrive内の、Surfaceと同期していないファイルを編集したい――こんなときにもブラウザ版のOneDriveが便利です。WordやExcelのファイルはオンライン版のOfficeで直接編集・保存することができます。

1 ブラウザ版からOfficeファイルを編集する

❶ 前ページを参考にブラウザ版のOneDriveにアクセスし、

❷ フォルダーをクリックして開きます。

＜アップロード＞をクリックすると、ファイルをアップロードできます。

❸ 開きたいOfficeファイルをクリックすると、

❹ OneDriveに保存した資料が開きます。

❺ 通常のOfficeと同じように画面上部のメニューから、文字のフォントや色などを変更できます。

6 文字を入力して内容を編集すると、自動的に保存されます。

2 デスクトップ版のOfficeでファイルを開き直す

1 ブラウザ版 OneDrive で開きたいファイルのここをクリックし、

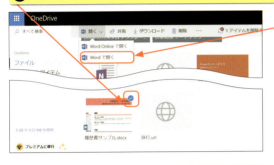

2 <開く>→<Wordで開く>をクリックします。

3 ファイルがデスクトップ版の Office で表示されます(この場合は Word)。

4 画面上部に通知が表示された場合は、<サインイン>をクリックしてサインインを完了させます。

5 ファイルを編集したあと、

6 <ファイル>→<上書き保存>をクリックし、変更内容を保存します。

Section 082

Officeファイルを
チームで共同編集する

OneDriveに保存した資料のうち、特定の資料だけを急きょ参加したメンバーに見せて、一緒に編集するようなケースもあるかもしれません。そのときはファイルを表示したあとで共有の設定を行いましょう。

1 Officeファイルをメンバー間で共有する

① P.136 を参考に、ブラウザ版の OneDrive 内の Office ファイルを表示します。

② <共有>をクリックすると、

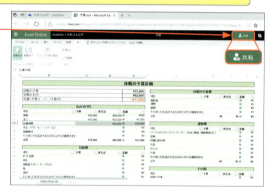

③ 共有相手の招待画面が表示されます。

④ 共有相手のメールアドレスを入力し、

⑤ メッセージを入力します。

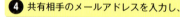

⑥ <受信者に編集を許可する>をクリックして権限を設定し、

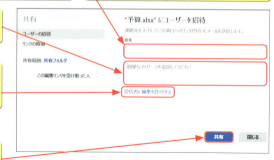

⑦ <共有>をクリックします。

⑧ ファイルの共有が完了すると、相手には左のようなメールが届きます。

⑨ ＜OneDrive で表示＞をクリックすると、

⑩ 共有相手のパソコンで OneDrive のファイルが表示されます。

第5章 ビジネス文書を共有！ファイル連携ワザ

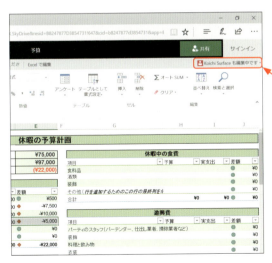

⑪ 自分も同じファイルを開くと、

⑫ 画面右上で共有相手が編集中であることを確認できます。

139

第5章 ビジネス文書を共有！ファイル連携ワザ

Section 083

資料の完成後に共同編集を停止する

各種資料がひととおり完成したら、上司やほかのメンバーがあとで変更できないよう、共有を停止しましょう。そのあとは資料を試しにプロジェクターへ出力するなどして、本番に備えましょう。

1 ファイルの共有を停止する

❶ P.138を参考にファイルの共有画面を表示します。

❷ ユーザーをクリックし、

❸ 「編集可能」の ˅ をクリックして、

❹ ＜共有を停止＞をクリックすると、そのユーザーはファイルを編集できなくなります。

第5章 ビジネス文書を共有！ファイル連携ワザ

Section
084

削除したファイルをOneDriveで復元する

SurfaceでOneDriveフォルダーの大事なファイルを削除して、＜ごみ箱＞も空にしてしまった——。こんなときはブラウザ版OneDriveのゴミ箱を見てみましょう。ファイルが残っていれば、そこから復元できます。

1 ごみ箱からファイルを復元する

❶ P.135を参考にブラウザ版のOneDriveにアクセスします。

❷ ＜ごみ箱＞をクリックし、

❸ 復元したいファイルのここをクリックして、

❹ ＜復元＞をクリックします。

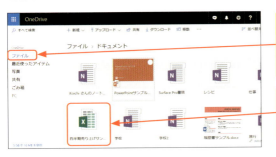

❺ ＜ファイル＞をクリックして保存先のフォルダーを開くと、

❻ ファイルが復元されているのを確認できます。

第5章 ビジネス文書を共有！ファイル連携ワザ

Section
085

更新した過去のファイルをOneDriveで復元する

オンライン版ではファイルを編集すると自動で保存されます。便利な反面、資料中のグラフや文章を誤って削除したまま、ファイルを閉じると元に戻せなくなります。そうしたときは以前のバージョン情報からファイルを復元しましょう。

1 以前のバージョンからファイルを元に戻す

❶ P.135を参考に、ブラウザ版のOneDrive内のOfficeファイルを表示します。

❷ 誤って使用のタイトルや本文を削除してしまいました。

❸ ＜ファイル＞をクリックし、

❹ 表示されたメニューで＜情報＞をクリックして、

❺ ＜以前のバージョン＞をクリックします。

❻ 資料の過去のバージョンが一覧で表示されます。

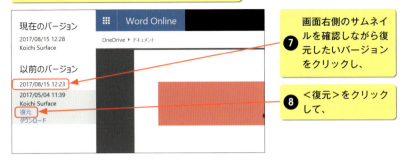

⑦ 画面右側のサムネイルを確認しながら復元したいバージョンをクリックし、

⑧ <復元>をクリックして、

⑨ 表示された通知でもう一度<復元>をクリックすると、

⑩ 資料が元の状態に修復されていることを確認できます。

Memo
Officeファイル以外を復元するには？

メモ帳などOffice以外のファイルを復元したい場合は、ブラウザ版OneDriveのトップ画面でファイルを右クリックしたあと、<バージョン履歴>をクリックし、復元したいバージョンを選択しましょう。

第5章 ビジネス文書を共有！ファイル連携ワザ

Section
086

スマホ版のOneDriveで資料をサッと見る

Surfaceのバッテリーが尽きかけていたり、電車が混んでいて鞄から取り出せないときは、スマホアプリ版のOneDriveで資料をチェックしましょう。ここではiPhone版での手順を紹介しますが、Android版でも同じ手順で確認できます。

1 OneDriveアプリからファイルを見る

❶ App Store（AndroidではPlay ストア）から OneDrive をインストールします。

❷ ＜OneDrive＞をタップし、

❸ Microsoft アカウントのパスワードを入力し、

❹ → をタップして、サインインを進めます。

❺ 表示したいファイルをタップすると、

❻ ファイルの詳細が表示されます。

Section 087

第5章 ビジネス文書を共有！ファイル連携ワザ

取引先とDropboxでファイルをやり取りする

いろいろな人とコラボレーションして仕事をするときに、OneDrive以外のオンラインストレージを使うことも少なくありません。中でも目にする機会が多いのが、本Sectionで紹介する「Dropbox」というサービスです。

1 Windows以外ともデータが共有しやすいDropbox

　Dropboxは、OneDriveに勝るとも劣らない人気を誇るオンラインストレージサービスです。OneDriveと同じように、PCとオンラインでデータがリアルタイムに同期されます。

　もともとはWindows専用のサービスだったOneDriveと異なり、Dropboxはさまざまなプラットフォームにいち早く対応してきました。そのため、MacOSやLinuxなど、Windows以外のOSを利用している人とのデータ共有に強みがあります。また、DropboxとMicrosoftは提携しているため、Dropboxに保存したWord・Excelファイルを、オンライン版Officeで同時編集することも可能です。

● Dropboxの特長

OneDrive同様、共有フォルダーにエクスプローラーからアクセスできるため、手軽にファイルを共有できます。

● Dropboxのプラン

名前	容量	料金	備考
Dropbox Basic	2GB	無料	個人向けのプランです。容量は少なめですが仕事の資料を共有するぶんには問題ありません。
Dropbox Plus	1TB	毎月1,200円 または年間12,000円	有料版のプランで、大量の写真などを保存したいときに便利です。
Dropbox Business	2TB〜	1人あたり1,250円/月〜 （最小3人から利用可能）	組織向けのプランで、ファイルの共同編集も可能です。

第5章 ビジネス文書を共有！ファイル連携ワザ

Section 088

Dropboxのアカウントを作ってデータを保存する

Dropboxを利用するために、まずはアカウントを取得しましょう。設定が完了すると、エクスプローラーに専用のフォルダーが追加され、ファイルをドラッグ＆ドロップするとブラウザ版のDropboxにもアップロードされます。

1 無料アカウントを作成する

❶ WebブラウザでDropboxの公式サイト（http://dropbox.com）にアクセスします。

❷ 名前やメールアドレス、パスワードを入力し、

❸ 利用規約にチェックを入れ、

❹ ＜登録する＞をクリックします。

❺ ＜Dropboxをダウンロード＞をクリックし、

❻ ＜実行＞をクリックします。

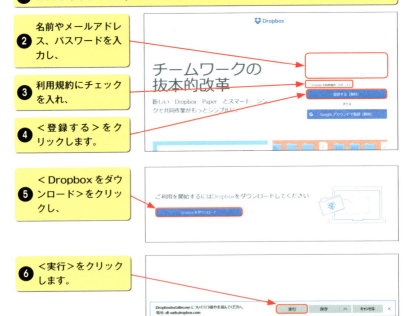

Memo　Surface Laptopの場合

「Windows 10 S」が搭載されたSurface Laptopでは、デスクトップアプリ版のDropboxをインストールできません。ストアアプリ版を使用するか、上記手順❶の方法でブラウザ版のDropboxを使用してください。

⑦ Dropboxのインストールが完了します。

⑧ <Dropboxフォルダを開く>をクリックします。

⑨ <スタートガイド>をクリックし、

⑩ <次へ>を何回かクリックして、

⑪ <完了>をクリックすれば設定は完了です。

⑫ エクスプローラーを起動すると、「Dropbox」のフォルダーが追加されていることを確認できます。

⑬ ここにファイルをドラッグ＆ドロップするとDropboxに保存されます。

第5章 ビジネス文書を共有！ファイル連携ワザ

Section
089

Dropboxで削除／更新したファイルを復元する

繁忙期だったり複数の案件が動いていると、ファイルをうっかり上書き保存してしまったり、削除してしまうことがあります。このようなときはDropboxのバックアップ機能を利用して、ファイルを元の状態に戻しましょう。

1 削除したファイルを復元する

① P.146手順①の方法でブラウザ版のDropboxにアクセスします。

② ＜削除したファイル＞をクリックし、

③ 削除したファイルをクリックして、

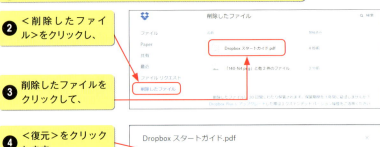

④ ＜復元＞をクリックします。

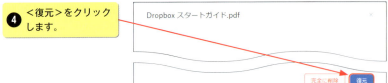

⑤ ＜ファイル＞をクリックすると、

⑥ 削除されたファイルが復元されていることを確認できます。

Memo 復元できるのは30日前まで

ファイルを復元できるのは削除や更新をされてから30日までです。30日を過ぎるとDropboxからも完全に削除されるので注意しましょう。

2 ＜バージョン履歴＞でファイルの状態を戻す

❶ P.146手順❶の方法でブラウザ版のDropboxにアクセスします。

❷ ファイルにマウスポインターを合わせ、左側のチェックボックスをクリックします。

❸ ＜バージョン履歴＞をクリックし、

❹ ファイル名をクリックすると、内容を確認できます。

❺ ＜復元＞をクリックして、ファイルのバージョンを元に戻します。

第5章 ビジネス文書を共有！ファイル連携ワザ

Section 090

Dropboxでファイルの閲覧用のリンクを送る

子供の運動会や旅行の写真を親戚に送りたいが、容量が重くてメールに添付できない。こんなときは、Dropboxで共有用のURLを送りましょう。相手がDropboxのアカウントを持っていなくても、ブラウザで写真を閲覧できます。

1 共有用のURLを送る

❶ エクスプローラーで＜Dropbox＞のフォルダーを開きます。

❷ 共有したいファイルかフォルダーを右クリックして、

❸ ＜Dropboxリンクをコピー＞をクリックします。

❹ ここではP.107を参考にGmailを起動して、メールの新規作成画面を表示します。

❺ 宛先のメールアドレスを入力して、

❻ 文面を入力したらURLをペーストして、

❼ ＜送信＞をクリックします。

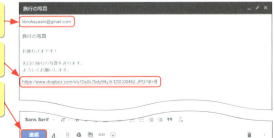

8 相手には以下のメールが送られます。

9 メール内のリンクをクリックすると、

10 Dropbox の画面が表示されます。

Dropbox のアカウントを持っている場合は、メールアドレスやパスワードを入力してログインできます。

11 ここでは＜今は実行せずに表示を続行＞をクリックすると、

12 Dropbox のファイルが表示されます。

13 ＜ダウンロード＞をクリックすると、自分のパソコンに画像を保存できます。

第5章 ビジネス文書を共有！ファイル連携ワザ

第5章 ビジネス文書を共有！ファイル連携ワザ

Section
091

写真やファイルを全員で共有する

旅行の写真を何人かの友だちに送ったり、プロジェクトの資料を同僚や上司にも見せたいときは、共有フォルダーを作ると便利です。ファイル（この場合は写真）を保存すると、相手もエクスプローラーから確認できます。

1 共有フォルダーを作成する

① エクスプローラーで＜Dropbox＞のフォルダーを開き、共有用のフォルダーを新規作成してファイルを保存します。

② 共有用のフォルダーを右クリックし、

③ ＜共有＞をクリックします。

④ 宛先と本文を入力したあと、

⑤ ＜招待＞をクリックします。

152

❻ 相手には以下のようなメールが届きます。

<フォルダにアクセスする>をクリックしたあと、❼

<Dropboxに追加>をクリックすると、❽

相手のDropboxに共有用のフォルダーが追加されます。❾

自分のエクスプローラーでも、共有フォルダーのアイコンが変わっていることを確認できます。❿

Memo　共有を停止する

手順❹の画面を表示し、<フォルダ設定>→<フォルダ共有を解除>→<フォルダ共有を解除>の順にクリックすると、フォルダーの共有を停止できます。

第5章 ビジネス文書を共有！ファイル連携ワザ

Section 092

スマホ版のDropboxで資料をサッと確認する

データをDropboxに保存しておけば、旅先で急に資料を確認しなくてはいけなくなっても、スマホ版アプリから確認できるので安心です。資料にコメントを追加したり、同僚に共有用リンクを送信したりすることもできます。

1 Dropboxアプリからファイルを見る

❶ App Store（AndroidではPlayストア）からDropboxアプリをインストールして起動します。

❷ ＜ログイン＞をタップし、P.146で登録したアカウント情報を入力してログインします。

❸ 表示したいファイルをタップすると、

❹ ファイルの詳細が表示されます。

❺ をタップすると、ファイルにコメントを入れられます。

Memo 共有リンクを送る

ファイルを開いたあとで をタップすると、送り先を入力してファイルの共有リンクを送信できます。

第6章

アイデアをメモに残す！
Surfaceペン活用ワザ

第6章 アイデアをメモに残す！Surfaceペン活用ワザ

Section 093

思いついたアイデアは Surfaceペンですぐにメモ

部下や後輩から送られてきた資料に赤字を入れて返信したい、ふと思いついたアイデアをメモして残したい――。そうしたときはSurfaceペンが便利です。ここではまず、その特長を見ていきましょう。

1 Surfaceペンの主な特長

名前	Surfaceペン
メーカー	Microsoft
価格	11,800円（税抜）
概要	Surfaceの画面に文字やイラストを手書きできる、ペン型のアクセサリです。線を消したり筆圧を変えることもでき、メモやイラストの作成など、幅広い用途で使えます。

OneNoteや付箋に手書きで文字を入力できます。文字の色も自由に変えられます。

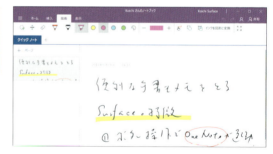

本体のボタンから起動できるアプリを変更すれば、使い勝手がさらによくなります。

第6章 アイデアをメモに残す！Surfaceペン活用ワザ

Section 094

Surfaceペンを使う準備をする

Surfaceペンには、2つのボタンが内蔵されており、さまざまな機能が割り当てられています。ペンの電源を入れればすぐに文字を入力できますが、Bluetoothでペアリングすることでこれらのボタンを活用できるようになります。

1 Surfaceペンをペアリングする

• Surface ペンの名称

❶ トップボタン	誤って書いた文字やイラストを消せます。長押しするとSurfaceにペアリングできます。
❷ 右クリックボタン	ボタンを押しながらクリックすると、右クリックと同じ操作になります。
❸ ペン先	Surfaceの画面に線や文字を書き込めます。4,096段階で筆圧も変えられます。

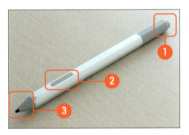

❶ Surface ペンのトップボタンを長押しし、ペアリング状態にします。

❷ P.74を参考に「Bluetooth」の設定画面で＜Surface Pen＞を選択し、ペアリングします。

157

Section 095

第6章 アイデアをメモに残す！Surfaceペン活用ワザ

ロックを一瞬で解除してアイデアを書き留める

企画で思いついたアイデアや、打ち合わせの大事な内容は、すぐにメモしておきたいものです。Surfaceペンなら、内蔵されたボタンを押すだけでロックを解除してOneNoteを起動し、スピーディにメモできます。

1 トップボタンでOneNoteが起動するように設定する

① <設定>アプリを表示し、<デバイス>をクリックします。

② <ペンと Windows Ink >をクリックします。

③ ここをクリックしてオンにし、

④ 「シングルクリック」の< Windows Ink ワークスペース>をクリックして、

⑤ < OneNote >をクリックすると設定は完了です。

2 Surfaceペンでロックを解除してメモを取る

① Surfaceがスリープした状態で、Surfaceペンのトップボタンを押します。

② ロックが解除され、OneNoteが起動します。＜開始＞をクリックします。

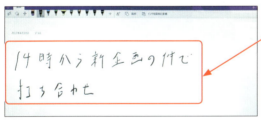

③ アイデアや打ち合わせの内容を手書きで入力し、

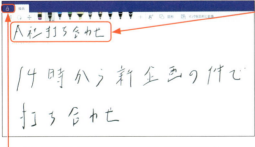

④ メモの名前を入力して、

⑤ 左上の🔒をクリックしてメモを保存します。

Hint　ほかの方法

Surface本体の電源ボタンを押すことでも、メモを保存できます。

第6章 アイデアをメモに残す！Surfaceペン活用ワザ

第6章 アイデアをメモに残す！Surfaceペン活用ワザ

Section 096

ペンの色や太さを変えて きれいにメモする

仕事でメモを取るとき、文字の種類や色を変えて重要な部分を目立たせると、あとで読み返しやすくなります。ペンの設定は画面上部のメニューから変更できます。

1 文字の色や太さを変える

① P.158 ～ 159 を参考に、Surface ペンのトップボタンを押して OneNote を起動します。

② <描画>をクリックし、

③ ペンの種類をクリックして、

④ ペンの太さをクリックします。

⑤ ペンの色をクリックして設定すると、

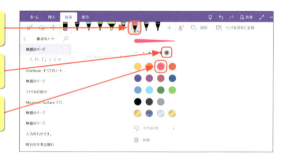

⑥ ペンの太さや色を変えてメモの内容を入力できます。

Section
097 手書きの文字を移動する

営業のために会社案内のレイアウトを作るときや、今後の目標やタスクを書きなぐったメモを整理したいときは、なげなわツールが便利です。Surfaceペンで囲むだけで、手書きの文字を好きな位置に移動できます。

1 なげなわツールで手書き文字を移動する

❶ OneNoteのメモを作成します。

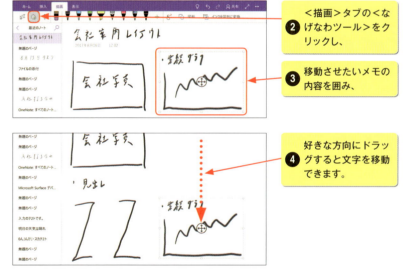

❷ <描画>タブの<なげなわツール>をクリックし、

❸ 移動させたいメモの内容を囲み、

❹ 好きな方向にドラッグすると文字を移動できます。

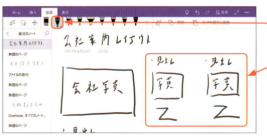

❺ ペンの種類をクリックし、

❻ 空いたスペースに文字を書き込みます。

Section 098 誤字は消しゴム機能で消す

早口で話している内容を急いでメモしようとすると、どうしても書き間違いが発生します。そうしたときは消しゴム機能を使いましょう。文字なら一画ずつ、図形なら1つのオブジェクトずつというように、1つのアクションごとに消せます。

1 消しゴム機能で文字を消す

❶ メモで消したい箇所をトップボタンでなぞると、

❷ 文字が消去されます。

Memo 消去を取り消す

文字を消しゴムで消去したあと、画面上部の ↶ をクリックすると、操作を取り消せます。

第 6 章 アイデアをメモに残す！Surfaceペン活用ワザ

Section 099

気になったWebページを画像としてメモする

気になったWebページを見つけたら、Surfaceペンで範囲を指定してスクリーンショットを撮って保存しておくとよいでしょう。時間が経つと見れなくなるニュースサイトの記事も、この方法ならあとでゆっくりと読み返せます。

1 Surfaceペンでスクリーンショットを撮る

❶ P.158 手順❷の画面を表示します。

❷ ここでは、「ダブルクリック」の項目を＜スクリーンショットを OneNote に送る＞に設定します。

❸ Web サイトの閲覧中にトップボタンを 2 回押し、

❹ ペン先で撮影範囲をドラッグします。

❺ OneNote にスクリーンショットが保存されました。

163

第6章 アイデアをメモに残す！Surfaceペン活用ワザ

Section
100 OneNoteに画像や文書を一緒に貼り付ける

前ページの方法で撮影したスクリーンショットは、OneNoteのメモに添付しておくと、あとでまとめて見返せます。このほか企画のアイデアを練るときなど、参考用に過去のファイルをメモに挿入するとよいでしょう。

1 画像を貼り付ける

① OneNoteを起動し、＜挿入＞をクリックします。

② ＜画像＞→＜画像＞をクリックし、

③ 保存したい画像をクリックして、

④ ＜開く＞をクリックします。

⑤ 画像がOneNoteのメモに保存されます。

164

2 ファイルを挿入する

1. OneNoteを起動し、＜挿入＞をクリックします。
2. ＜ファイル＞→＜添付ファイルとして挿入＞をクリックして、

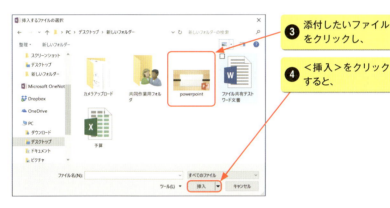

3. 添付したいファイルをクリックし、
4. ＜挿入＞をクリックすると、

5. OneNoteのメモにファイルが挿入されます。
6. 挿入したファイルは、ダブルクリックすると開けます。

第6章 アイデアをメモに残す！Surfaceペン活用ワザ

165

第6章 アイデアをメモに残す！Surfaceペン活用ワザ

Section
101

メモの内容を会社PCの ブラウザから見る

社内のパソコンは会社から割り振られたアカウントを使わないといけない場合は、ブラウザ版OneNoteにアクセスしましょう。Surfaceで作成したメモを参考にしながら、予定を立てたり資料を作成したりできます。

1 ブラウザでOneNoteにアクセスする

① Webブラウザで OneDrive の公式サイト（https://www.onenote.com）にアクセスします。

② ＜サインイン＞をクリックし、

③ ＜Microsoft アカウントでサインイン＞をクリックします。

④ Microsoft アカウントのメールアドレスを入力し、

⑤ ＜次へ＞をクリックしたあと、パスワードを入力してサインインします。

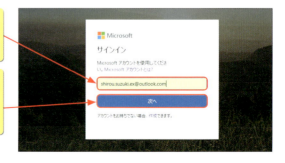

166

❻ OneNoteのノートブックが表示されます。

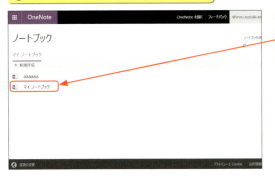

❼ メモを表示したいノートブックをクリックすると、

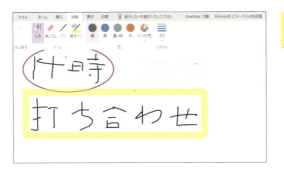

❽ 保存されたメモが表示されます。

Hint そのほかの方法でOneNoteのメモを見る

会社や自宅のパソコンがWindows 10である場合は、スタートメニューから＜OneNote＞アプリを起動してサインインを完了させると、メモを確認できます。また、Windows 7以降であれば「http://www.onenote.com/Download」から無料でOneNoteをダウンロードできます。
スマホの場合はApp StoreかPlayストアからOneNoteのアプリをインストールし、Surfaceと同じアカウントでサインインしましょう。

・スマホ版アプリ

第6章 アイデアをメモに残す！Surfaceペン活用ワザ

Section 102

Surfaceペンを
Webブラウジングに使う

タッチ操作でWebブラウジング中、文字がうまく選択できなかったり、タッチキーボードで検索用のキーワードが入力しづらかったりしたことはないでしょうか。Surfaceペンを使って、より快適にインターネットを活用しましょう。

1 Webで使えるSurfaceペン3つの操作

・クリック

ペン先で画面に触れます。リンクからWebページを開いたり、検索欄に触れて手書きでキーワードを入力するようなときに使用します。

・ドラッグ

ペン先で画面をなぞります。下記の右クリックで文字をコピーしたり、画面右のバーを上下に移動させて画面をスクロールするときに使います。

・右クリック

文字をドラッグしてから、右クリックボタンを押した状態でペン先で触れます。記事に出てきた単語の意味を、コルタナで調べるときなどに活用できます。

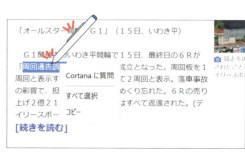

2 Surfaceペンで単語の意味を調べる

①Webページで気になる単語をSurfaceペンでドラッグします。

②ペンの右クリックボタンを押しながらクリックし、

③＜Cortanaに質問＞をクリックすると、

④検索結果が表示されるので、単語の意味を確認します。

第6章 アイデアをメモに残す！Surfaceペン活用ワザ

Hint　EdgeのWebノート機能と組み合わせる

EdgeでWebページの閲覧中に✎をクリックすると、Surfaceペンで文字や囲みをWebページに直接書き込めます。保存するときは💾をクリックし、＜保存＞をクリックしましょう。

169

第6章 アイデアをメモに残す！Surfaceペン活用ワザ

Section

103 忘れていたToDoを付箋にメモする

仕事が山積みで処理すべきタスクが整理しきれないときは、Surfaceペンで付箋にメモ書きして、デスクトップに貼り付けておくとよいでしょう。完了したものは順に削除していけば、タスクを忘れることなく着実に進められます。

1 デスクトップに付箋を貼り付ける

① P.158手順❷の画面を開きます。

② 「シングルクリック」のアプリを＜Windows Ink ワークスペース＞に設定し、

③ 「シングルクリックすると～」の設定をオンに切り替えます。

④ Surfaceペンのトップボタンを押してWindows Inkワークスペースを起動し、

⑤ ＜付箋＞をクリックして、

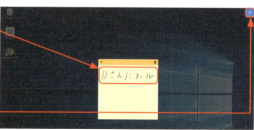

⑥ 付箋の内容を入力したら、

⑦ 画面右上の＜×＞をクリックし、

⑧ ペン先でドラッグして、任意の位置に移動します。

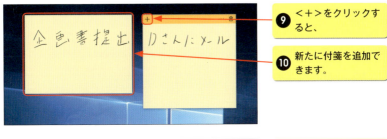

⑨ <+>をクリックすると、

⑩ 新たに付箋を追加できます。

⑪ … をクリックし、

⑫ 付箋の色を選択すると、

⑬ 付箋の色を変更できます。

Hint　デスクトップの付箋を削除する

メモの右上で 🗑 をクリックし、<削除>をクリックすると、付箋をデスクトップから削除できます。

第6章 アイデアをメモに残す！Surfaceペン活用ワザ

Section
104

イメージラフをスケッチパッドに描き残す

会社のイメージキャラクターや、新商品のパッケージなどを作るときは、Surfaceペンから<スケッチパッド>を起動し、ラフを描いてみましょう。ボールペンや鉛筆などのツールを使い分けて、少しずつイメージに近づけていきます。

1 イメージラフを描き残す

❶ P.170を参考に「シングルクリック」のアプリを< Windows Ink ワークスペース>に設定します。

❷ Surface ペンのトップボタンを押して Windows Ink ワークスペースを起動したあと、

❸ <スケッチパッド>をクリックします。

❹ <スケッチパッド>が起動します。

❺ ラフを描くことができます。

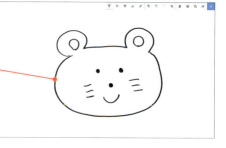

❻ ペンの種類をクリックし、

❼ ペンの色を選択すると、

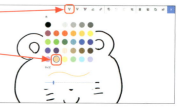

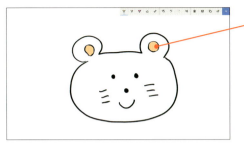

⑧ 違う色のペンで線を描き込めます。

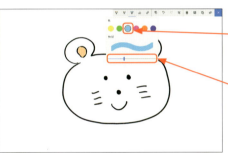

⑨ さらに違う種類のペンを利用したい場合は、別のペンで色を選択したあと、

⑩ バーをドラッグしてサイズ(太さ)を調整すると、

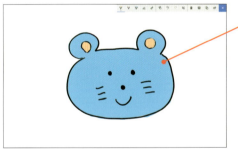

⑪ 太さの異なるペンでラフを加工できます。

第6章 アイデアをメモに残す！Surfaceペン活用ワザ

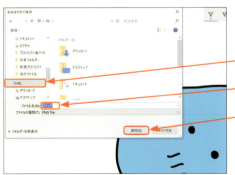

⑫ 保存する場合は右上の 💾 をクリックし、

⑬ <保存先>を指定して、

⑭ ファイル名を入力し、

⑮ <保存>をクリックします。

173

Section 105

ペンの筆圧を変えて滑らかにメモする

Surfaceペンは、＜Surface＞アプリを利用することで筆圧を調整し、線の太さを変更できます。筆圧が弱めの人は太めに、筆圧が弱い人は細めに調整しておくと、イメージ通りの線が書けるようになります。

1 Surfaceペンの筆圧を調整する

❶ P.178を参考に＜Surface＞アプリをインストールします。

❷ スタートメニューから＜Surface＞をクリックすると、

❸ ＜Surface＞アプリが起動します。

❹ をクリックすると、

❺ 筆圧の調整画面が表示されます。

❻ 線を太くしたい場合はスライダーを右方向にドラッグし、

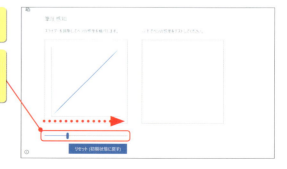

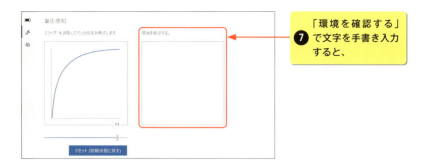

⑦ 「環境を確認する」で文字を手書き入力すると、

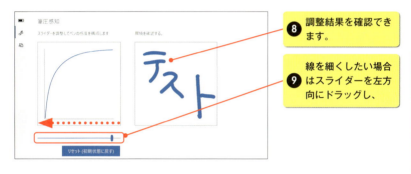

⑧ 調整結果を確認できます。

⑨ 線を細くしたい場合はスライダーを左方向にドラッグし、

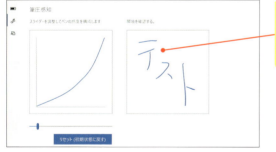

⑩ 「環境を確認する」で文字を手書き入力すると、調整結果を確認できます。

Memo 筆圧をリセットする

<Surface>アプリで筆圧を調整したものの、やはり元の状態のほうがよいという場合は、手順❺の画面で<リセット>をクリックしましょう。

第6章 アイデアをメモに残す！Surfaceペン活用ワザ

第6章 アイデアをメモに残す！Surfaceペン活用ワザ

Section 106

ペンの動きが鈍いなら再ペアリングか電池交換

思い通りに文字が書けない、ボタンを押してもアプリが起動しないなど、Surfaceの挙動が不安定な場合はまず電池を交換してみましょう。それでも改善されなかったら、再度ペアリングしてみましょう。

1 Surfaceペンの挙動を改善する2つの方法

ペンを動かしているのに線が書けない、または途切れてしまう場合は、バッテリーが尽きている可能性があります。新しい単6電池に交換してみましょう。

バッテリーが問題ないのに挙動がおかしいときは、Bluetooth接続に何らかの問題が起きている可能性があります。P.157を参考に再ペアリングしましょう。

Hint ペン先を交換する

Surfaceのペンが摩耗しまった場合は、Microsoftの公式ストアからペン先キットを購入できます。なお側面にボタンが2つあるSurfaceペンを使っている場合はデバイスサポート（https://support.microsoft.com/ja-jp/devices）から新しいペン先を注文しましょう。

176

第7章

Surfaceを
パワーアップ!
役立つ厳選アプリ

●注意
本章では、Surfaceを活用する上で役立つアプリを紹介しています。ストアアプリに加えてデスクトップアプリを掲載していますが、デスクトップアプリは、「Windows 10 S」を搭載したSurfaca Laptopではインストールできません。あらかじめご了承ください。

第7章 Surfaceをパワーアップ！役立つ厳選アプリ

Section
107 アプリでSurfaceの機能を充実させる

Surfaceは、アプリをインストールしていくことで機能を拡充できます。ここではストアアプリのインストール方法を紹介します。ストアアプリとは、スタートメニューの＜ストア＞から入手できるアプリのことです。

1 ストアアプリをインストールする

❶ スタートメニューを表示して、

❷ ＜ストア＞をクリックします。

❸ ＜ストア＞アプリが起動します。

❹ 検索欄にキーワードを入力し、

❺ 表示された候補をクリックして、

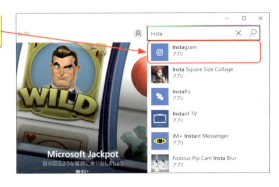

6 <購入>をクリックすると、

Memo 有料アプリを購入する

<ストア>には有料のアプリもあります。有料の場合は手順❻のあとにMicrosoftアカウントのサインインが求められ、支払い方法を追加する必要があります。

7 ストアアプリのインストールが完了します。

8 <スタートにピン留め>をクリックすると、

9 スタートメニューの「最近追加されたもの」とタイルで、アプリが追加されているのを確認できます。

Hint デスクトップアプリとSurface

Surfaceでは、インターネット上で公開されているデスクトップアプリも利用できます。ただし、「Windows 10 S」が搭載されたSurface Laptopに限っては、デスクトップアプリをインストールできないので注意しましょう。

第7章 Surfaceをパワーアップ！役立つ厳選アプリ

Section
108 1対1のやり取りを盛り上げるアプリ

仕事のやり取りはメールが主流ですが、遠方の取引先とテレビ電話でミーティングをしたい場合もあるでしょう。そんなときは、1対1のコミュニケーションに向いたSkypeやLINEが便利です。

遠方にいる人とテレビ電話をする
Skype

提　供：Skype　　　　　　価　格：無料
入手元：＜ストア＞アプリ

Microsoftが提供するアプリで、無料通話やテレビ通話のほか、メッセージのやり取りも行えます。ユーザー同士なら通話料はかからず、遠くにいる取引先と顔を見ながら、打ち合わせをしたいようなときに役立ちます。有料となりますが、会社の固定電話と通話することも可能です。

Surfaceの大画面でLINEを楽しむ
LINE

提　供：LINE Corporation　価　格：無料
入手元：＜ストア＞アプリ

人気コミュニケーションツールである「LINE」のストア版アプリです。起動してスマートフォン版に登録したメールアドレスとパスワードでログインすると、友だちとトークを行えます。Surfaceの大画面でLINEを楽しみたいときに活用できます。

第7章 Surfaceをパワーアップ！役立つ厳選アプリ

Section
109 多くの人との交流を深めるSNSアプリ

気になった情報や近況を拡散したり、面識のない人とつながったりできるSNS。下記に紹介する2つのSNSを活用して交流の輪を広げ、仕事やプライベートをさらに充実させましょう。

友達からの情報をすばやくチェック
Facebook

提　供：Facebook Inc　　価　格：無料
入手元：＜ストア＞アプリ

「Facebook」のストア版アプリです。ニュースフィードや「いいね！」といった機能はそのままに、アクションセンターの通知から、友だちの新着投稿をすぐに確認できます。Web版にアクセスしなくても最新の情報をチェックしたい場合に重宝します。

世の中の最新情報をゲットする
Twitter

提　供：Twitter Inc.　　価　格：無料
入手元：＜ストア＞アプリ

140文字の投稿でおなじみの「Twitter」のストア版アプリです。Web版とは異なり各メニューが左側に寄せられ、そのぶんタイムラインが大きく表示されています。自分が気になったニュースなどを投稿しつつ、ほかのユーザーとの交流や、タイムリーな話題の情報収集を行えます。

181

第7章 Surfaceをパワーアップ！役立つ厳選アプリ

Section
110 PDFやキーボードアプリで業務をより円滑に

送られてきた資料をチェックするとき、専用の編集アプリがあると赤字入れが楽になります。また、タイプカバーを忘れたときでも代替アプリを使えば、ドラッグのような操作もスムーズに行えます。

PDFに手書きができる
Drawboard PDF

提　供：Drawboard　　　価　格：無料
入手元：＜ストア＞アプリ

　PDFファイルに赤字を入れたり、手書きで署名できるストアアプリです。企画書の修正箇所を指示したり、契約書や見積書にサインしたりするときに役立ちます。Surfaceペンと併用すれば、使い勝手はさらによくなるでしょう。

タッチで円滑に操作を行う
Tablet Pro

提　供：LoveSummerTrue　価　格：無料
入手元：http://www.lovesummertrue.com/touchmousepointer/ja-jp/download.html

　Surfaceのディスプレイ上にタッチパッドを設定し、マウスポインターを操作できるアプリです。マウスやトラックパッドがなくても、細かいところをクリックしたり、ドラッグしたりしやすくなります。

第7章 Surfaceをパワーアップ！役立つ厳選アプリ

Section 111

資料に使う写真をパッと編集するアプリ

企画書やプレゼンの資料では、写真を掲載することもあるでしょう。写真をトリミングしたり、色を変えたりして見栄えをもう少しよくしたいときは、画像の編集アプリを活用しましょう。

資料に載せる画像を簡単加工
Jtrim

提　供：WoodyBells　　価　格：無料
入手元：http://www.woodybells.com/jtrim.html

フリーの画像編集アプリで、公式サイトから無料でダウンロードできます。「レイヤー」などの機能は用意されていませんが、画面上部のメニューからトリミングなどの各機能を選択して写真を補正できます。特に写真の編集に慣れていない初心者におすすめです。

写真の品質をワンランクアップ
GIMP

提　供：Spencer Kimball, Peter Mattis and the GIMP Development Team
価　格：無料
入手元：http://www.gimp.org/

Jtrimよりも高機能な、画像編集アプリです。公式サイトから無料でダウンロードできます。フィルターで色調を変えたり、レイヤー機能を使って画像の背景に自作のロゴなどを配置したりできます。企画書に掲載する画像に、「無断転用禁止」のマークを追加したいときなどに役立ちます。

第7章 Surfaceをパワーアップ！役立つ厳選アプリ

Section
112 お気に入りの作品を公開・加工できる写真アプリ

SNSはテキストのやり取りだけでなく、写真によるコミュニケーションも盛んです。専用の編集機能が用意されたアプリを使って写真のクオリティを上げれば、友だちからより好意的なリアクションが寄せられるでしょう。

魅力的な写真を友だちに公開する
Instagram

提　供：Instagram　　　価　格：無料
入手元：＜ストア＞アプリ

写真専用のSNSとして有名な「Instagram」のストア版アプリです。大画面でほかのユーザーが投稿した写真を楽しめるほか、Surfaceに取り込んだデジカメの写真を加工して投稿できます。出張や旅行で撮りためた、お気に入りの写真を公開したいときに活用しましょう。

プロ並みの出来栄えに加工する
Adobe Lightroom

提　供：Adobe　　　価　格：980円/月
入手元：http://www.adobe.com/jp/products/photoshop-lightroom.html

公式サイトからダウンロードして利用できる、Adobeの写真加工アプリです。「RAW現像」という高度な編集に対応しており、写真の明るさや彩度などを細かに調整して写真を仕上げられます。月額制の有料アプリですが、インストール後の7日間は、体験版として無料で使えます。

第7章 Surfaceをパワーアップ！役立つ厳選アプリ

Section 113

話題の海外ドラマや映画を楽しむ

休日には映画やテレビを観て過ごす人も多いでしょう。SurfaceでDVDの動画を観るには外付けのDVDドライブが必要ですが、動画配信サービスのアプリを使えば気になる映画やドラマを自由な時間に好きなだけ鑑賞できます。

気になる海外ドラマや映画が見放題
Netflix

提　供：Netflix.inc.　　価　格：650円/月
入手元：＜ストア＞アプリ

Netflixは動画のストリーミング配信サービスです。類似サービスと比べて料金が安く、無料体験の期間が長いのが特長です（「Hulu」が月額933円で2週間なのに対し、「Netflix」は月額650円〜で1ヶ月）。土日に気になる映画やドラマをまとめて見たいときに便利です。

見逃したテレビ番組を視聴する
DMM動画プレイヤー

提　供：株式会社DMM.comラボ
価　格：コンテンツごとに購入
入手元：＜ストア＞アプリ

DMM.com（http://www.dmm.com）で購入したコンテンツを視聴するための再生アプリです。映画やドラマだけでなく、アニメやバラエティ番組も購入して再生できます。好きな番組を見逃してしまったときに活用できます。

185

Section 114 息抜きに便利なYouTube＆映画情報アプリ

ちょっとした息抜きには、YouTubeを気軽に再生できるアプリがおすすめ。また、映画はスクリーン派という人におすすめしたいのが映画.comのストアアプリ。最新の映画情報をタップ操作で手軽に調べられます。

タッチ操作で動画を簡単再生
Perfect Tube

提　供：Perfect Thumb　　価　格：無料
入手元：＜ストア＞アプリ

　YouTubeの動画を再生できるストアアプリです。動画を再生後に画面をドラッグすると再生位置を調整でき、タップ（クリック）すると一時停止にすることができます。休日や帰宅中、タブレットモードのタッチ操作でYouTubeの動画を視聴するときに便利です。

映画情報を映画.comでチェック
映画.com

提　供：株式会社エイガドットコム　　価　格：無料
入手元：＜ストア＞アプリ

　映画.com（http://eiga.com）のストアアプリ版です。起動すると国内映画の人気ランキングがすぐに表示され、映画のサムネイルをタップすると詳細を確認したり、公開されている劇場を検索したりできます。人気の映画を調べるのに役立つでしょう。

第7章 Surfaceをパワーアップ！役立つ厳選アプリ

Section 115

パソコンでササッと動画や音声を編集する

動画にしても音声にしても、ただ撮影したり録音しただけのものは冗長になりがちです。そのままでは受け手もすぐに飽きたり、重要な内容が頭に残らなかったりしてしまいます。アプリを使って不要な部分をカットしましょう。

動画の完成度をアップさせる
Premiere Elements

提　供：Adobe　　　価　格：13,800円
入手元：http://www.adobe.com/jp/products/premiere-elements.html

シーンの切り貼りやエフェクト、字幕の設定が可能な動画編集アプリです。仕事で商品のプロモーション動画を作るときや、旅行で撮影した動画を加工したいときに役立ちます。動画をDVDに保存する機能も用意されているので、子供の動画を親戚に渡すときにも活用するとよいでしょう。

会議や講演の録音内容を編集する
Audacity

提　供：Audacity Team　　　価　格：無料
入手元：http://audacityteam.org/

音声編集用のデスクトップアプリです。レコーダーから音声を読み込んで、不要な部分をカットできます。編集後は、Windows版のLAME（http://lame.buanzo.org/#lamewindl）を別途インストールすれば、MP3形式で書き出して容量を圧縮できます。会議や講演の録音内容を短くまとめたいときに使いましょう。

187

第7章 Surfaceをパワーアップ！役立つ厳選アプリ

Section 116

イラストアプリで家族と遊ぶ

家で子供と遊ぶとき、昔はクレヨンや色鉛筆でお絵かきをしていましたが、今はSurfaceでもそれ以上のことができます。第6章でも紹介したSurfaceペンを活用し、一緒にいろいろなイラストを描いてみましょう。

イラストやマンガを描いて楽しむ
MediBang Paint

提　供：メディバン　　　　価　格：無料
入手元：https://medibangpaint.com/pc/

さまざまな種類のペンで手書きのイラストを描けるアプリです。さらにトーンや定規、コマ割りといった漫画でおなじみの機能が用意されており、ストーリーなども考えながらお絵かきを楽しめます。4コマ漫画などを子供と一緒に作ってみてもよいでしょう。

3Dコンテンツを家族と描いて遊ぶ
Paint 3D

提　供：Microsoft Corporation　価　格：無料
入手元：＜ストア＞アプリ

直感的な操作で3Dモデルを作成できるアプリです。難しいときは「3Dモデル」に用意された人や動物のオブジェクトを使い、腕や足を色分けするなどして遊べます。

第7章 Surfaceをパワーアップ！役立つ厳選アプリ

Section
117 読書やラジオでオフの日を充実して過ごす

帰宅後や休日はできるだけくつろぎたいものですが、疲れを癒やすために寝るだけではもったいないです。下記に紹介するアプリも活用して、より充実した時間を過ごしましょう。

電子書籍アプリの決定版
Kindle for PC

提　供：アマゾン
価　格：コンテンツごとに購入
入手元：https://www.amazon.co.jp/dp/B011UEHYWQ

Amazonで購入した小説や漫画の電子版を読めるアプリです。紙と同じように見開きでページが表示され、フォントの大きさやページの幅、背景などを変えられます。読書が趣味だけど、本を入れて鞄が重くなるのが嫌、という人におすすめです。

ラジオを聴いて気分をリフレッシュ
Alarm Clock HD

提　供：ANTARA SOFTWARE and CONSULTING PRIVATE LIMITED
価　格：無料
入手元：＜ストア＞アプリ

時刻や天気を表示するほかに、70以上のチャンネルのラジオを聴けるストアアプリです。帰宅後にラジオ番組を再生して気分をリフレッシュさせたり、自宅で音楽を聴きながら作業したいときに役立ちます。

第7章 Surfaceをパワーアップ！役立つ厳選アプリ

Section 118

ビジネスマン必携のニュースアプリ

ビジネスマンにとって日々の情報収集は非常に重要ですが、仕事が忙しくなるほど、新聞やテレビを見る時間は削られてしまいがちです。そうしたときはアプリを活用して、効率よく重要なニュースをピックアップしましょう。

仕事や趣味の関連ニュースを見る
MSNニュース

提　供：Microsoft Corporation　価　格：無料
入手元：＜ストア＞アプリ

朝日新聞や読売新聞といった大手のほか、ダイアモンド・オンライン、ITmediaなどの専門メディアまで、幅広いニュースを閲覧できるアプリです。閲覧したいニュースのカテゴリーは自分でカスタマイズできるので、仕事や趣味に関連する記事だけを効率よく読めます。

国内や海外のニュースを見る
朝日新聞デジタル

提　供：朝日新聞社　価　格：無料
入手元：＜ストア＞アプリ

朝日新聞のデジタル版です。読めるのは一部の紙面だけですが、それでも政治、経済、社会と仕事で必要な最新の記事が配信されており、キーワードを入力して気になる記事を検索することもできます。有料会員に登録すれば、すべての記事を読めるようになります。

Section 119 雑談に使えるネタや天気を調べる

友人の結婚式に呼ばれたり、商談のために遠方へ赴くときは、初対面の相手でも好感度を上げられるよう会話を盛り上げたいものです。エンタメ系のニュースアプリでネタを仕入れたり、現地の天気を調べたりして当日に備えましょう。

役立ちそうな雑談のネタを集める
エキサイトニュース

提　供：Excite Japan Co. Ltd.　価　格：無料
入手元：＜ストア＞アプリ

経済や国際といったカテゴリーもありますが、全体にエンタメ系の記事を多く配信しているストアアプリです。自分が好きなスポーツ関連の情報を補強したり、反対に当日会う相手が好きそうなカテゴリーの情報を集めたりするのに使うとよいでしょう。

出張先や旅行先の天気を調べる
Yahoo! 天気・災害

提　供：Yahoo Japan Corpration
価　格：無料
入手元：＜ストア＞アプリ

標準の＜天気＞アプリより詳細な情報が見られるアプリです。全国の天気予報や、発令されている警報や注意報をチェックできます。出張先の天気予報を調べたり、天気図を見て台風が近づいてきていないか確認し、必要に応じて出発を早めたりできます。

Section 120 休日はゲームアプリにとことん興じる

ストアアプリには仕事用だけではなく、プレイすると思わずはまってしまうゲームアプリもいくつか用意されています。ここではそれらの中でも特におすすめのアプリを紹介します。やり過ぎに注意しつつ存分に楽しみましょう。

話題のゲームにWindowsで挑戦
Minecraft

提　供：Microsoft Studios
価　格：3,150円
　　　　（無料試用版は90分プレイ可能）
入手元：＜ストア＞アプリ

　未知の世界を探索して好きな建物を建てたり、モンスターと戦ったりして遊ぶ、Minecraftのストアアプリ版です。別途用意されているパソコン版とは互換性がなくセーブデータを引き継ぐことはできませんが、動作が軽く、タッチ操作でキャラクターを直感的に動かせます。

数独で脳の働きを活性化する
Microsoft Number Puzzle

提　供：Microsoft Studios　価　格：無料
入手元：＜ストア＞アプリ

　ゲームの中でも根強い人気を誇る数独のアプリです。数字は画面下部のメニューから選択したり、Surfaceペンで手書きしたりして入力できます。「デイリーチャレンジ」（日替わりの課題を出題）、「3×3の正方形ではない不規則な形をしたブロック」、「数字の代わりにアイコンを利用したステージ」なども用意されており、飽きさせません。

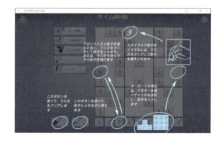

Section

121
メールやブログが早く
書けるテキストエディター

企画書やプレゼンの資料を作るときはWordやPowerPointを利用しますが、下書きやアイデアの段階ではテキストエディターが便利です。シンプルなテキスト形式で、思いついた内容をすばやくメモできます。

メールや企画書の文面をまとめる
EmEditor Free

提　供：Emurasoft, Inc.　　価　格：無料
入手元：https://jp.emeditor.com/

　CSV の出力やマクロの実行などにも対応した、非常に高機能なエディターアプリです。有料版の機能を 30 日間は無料で使うことができ、期間が過ぎたあとでも、機能は制限されますが引き続き無料版として利用できます。

Macで作られた文書も読み込める
TeraPad

提　供：Susumu Terao.　　価　格：無料
入手元：http://www5f.biglobe.ne.jp/~t-susumu/library/tpad.html

　各種文字コードに対応しているエディターアプリで、Mac で作成した文書も文字化けせずに読み込めます。Windows の＜メモ＞アプリは文字入力の取り消しは 1 回しかできませんが、本アプリでは何回でも行えます。

第7章 Surfaceをパワーアップ！役立つ厳選アプリ

Section
122 大容量のデータをスムーズに転送するFTPクライアント

Surfaceに保存されている資料を、まとめて本社や支店のFTPサーバーにアップロードしたいときはFTPクライアントが必須です。設定がやや複雑なので、必要に応じて社内の担当者にサーバーの情報を確認してみましょう。

定番のFTPクライアント
FFFTP

指定したFTPサーバーにデータをアップロードしたり、ダウンロードしたりできる、FTPクライアントの定番ともいえるアプリです。データ転送の一時中断ができるダウンロードレジューム機能が便利です。

提　供：FFFTP Project　　価　格：無料
入手元：https://osdn.jp/projects/ffftp/

NextFTPでデータをサーバー上に保管する
NextFTP

Windows 95時代に登場した老舗のFTPクライアント。ファイル名の小文字変換や漢字コードの自動変換など、豊富な転送機能を備えています。

提　供：Toxsoft
価　格：2,480円（3か月無料体験あり）
入手元：https://www.toxsoft.com/nextftp/

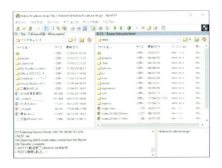

第8章

とことん使う！1ランク上のカスタマイズワザ

第8章 とことん使う！1ランク上のカスタマイズワザ

Section
123

Windows Helloで
サッとロックを解除

最新のSurface Proでは、画面を見るだけでロックを解除できる、「Windows Hello」に対応しています。パスワードやPINを入力しなくていいので、タブレット使用時のロック解除が楽になります。

1 Windows Helloのセットアップを行う

① P.64を参考に＜設定＞アプリを起動し、

② ＜アカウント＞→＜サインインオプション＞をクリックして、

③ 「顔認証」の＜セットアップ＞をクリックします。

④ Windows Helloのセットアップ画面が表示されたら、＜開始する＞をクリックします。

> 5 内蔵カメラが起動するので、表示された枠に顔を収めて、しばらく動かないようにします。

> 6 PINコードが未設定の場合は、＜PINの設定＞をクリックして設定します（P.200参照）。

> 7 ロック画面を表示すると、「ユーザーを探しています」という表示が出ます。

> 8 顔をカメラの正面に向けます。

> 9 顔が認識されました。しばらくすると、自動的にロックが解除されます。

第8章 とことん使う！1ランク上のカスタマイズワザ

第8章 とことん使う！1ランク上のカスタマイズワザ

Section
124 ピクチャパスワードでセキュリティを高める

ピクチャパスワードは、設定したお気に入りの写真で特定のジェスチャ（円、直線、タップの組み合わせ）を行いロックを解除する方法です。Surfaceをタッチ操作でよく使用している人におすすめです。

1 ピクチャパスワードを設定する

① ＜設定＞アプリを表示します。

② ＜アカウント＞→＜サインイン オプション＞をクリックし、

③ 「ピクチャパスワード」の＜追加＞をクリックします。

④ Microsoft アカウントのパスワードを入力し、

⑤ ＜OK＞をクリックします。

⑥ ピクチャパスワードの設定画面が表示されます。

⑦ ＜画像を選ぶ＞をクリックし、ピクチャパスワードに設定する画像を選択します。

⑧ <この画像を使う>をクリックします。

⑨ ジェスチャを3箇所に設定します(ここでは前輪、ヘッドライト、後輪を丸で囲みます)。

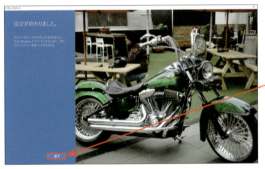

⑩ 確認のため、再度ジェスチャの設定を行い、

⑪ <完了>をクリックすると、

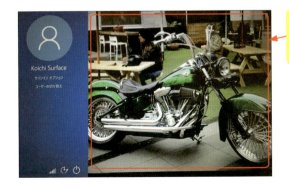

⑫ サインイン方法がピクチャパスワードに変更されます。

第8章 とことん使う！1ランク上のカスタマイズワザ

Section
125

4桁のPINで
サインインを簡略化する

サインインのたびにMicrosoftアカウントのパスワードを入力するのが面倒なら、PINコードにサインイン方法を変更しましょう。以降は4桁の数字を入力するだけでロックが解除されるようになります。キーボード派におすすめの設定です。

1 PINコードを設定する

① ＜設定＞アプリを表示します。

② ＜アカウント＞→＜サインインオプション＞をクリックし、

③ 「PIN」の＜追加＞をクリックします。

④ Microsoftアカウントのパスワードを入力し、

⑤ ＜サインイン＞をクリックします。

⑥ 4桁のPINを2回入力し、

⑦ ＜OK＞をクリックします。

Section 126

パスワード入力を省きすぐに作業を再開する

Surfaceを使っているとき、ちょっと目を離したすきにスリープ状態に移行してしまうと、ロックをいちいち解除するのが面倒です。一時的にパスワードの入力を省略できるように、設定を変更しましょう。

1 ロックがかからないように設定する

❶ <設定>アプリを表示します。

❷ <アカウント>→<サインインオプション>をクリックし、

❸ 「サインインを求める」のプルダウンメニューをクリックします。

❹ <表示しない>をクリックすると、自動でスリープ状態になった場合でもロックがかからなくなります。

Hint ロックがかかるまでの時間を変更する

手順❹の画面で<1分>~<15分>のいずれかをクリックすると、スリープ後にロックがかかるまでの時間を縮めたり伸ばしたりできます。

Section 127 スリープになるまでの時間を設定する

初期設定では、Surfaceは5分間操作しないと自動でスリープ状態に移行します。この時間が短く感じる場合は、＜設定＞アプリでスリープ状態になるまでの時間を長めに設定してみましょう。

1 電源とスリープの時間を変更する

1 ＜設定＞アプリを表示します。

2 ＜システム＞→＜電源とスリープ＞をクリックし、

3 「スリープ」のプルダウンメニュー（ここでは「バッテリー駆動時」のもの）をクリックします。

4 長めの時間に設定し、しばらくスリープしないように変更します（ここでは＜1時間＞）。

第8章 とことん使う！1ランク上のカスタマイズワザ

Section

128 夜間モードを設定して目の疲れを減らす

仕事が夜遅くまで続いたり、帰宅後にネットサーフィンを続けていると、画面から発せられるブルーライトで目が疲れてしまいます。遅い時間まで作業が続くようなら、画面を夜間モードに設定しましょう。

1 夜間モードを設定する

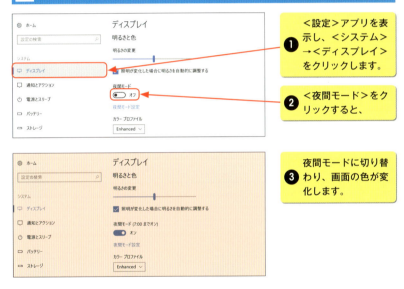

① ＜設定＞アプリを表示し、＜システム＞→＜ディスプレイ＞をクリックします。

② ＜夜間モード＞をクリックすると、

③ 夜間モードに切り替わり、画面の色が変化します。

Memo 夜間モードの設定を変える

手順②で＜夜間モード設定＞をクリックすると、夜間モード時の画面の色を変更したり、自動でオフに切り替わる時間などを設定したりすることができます。

203

第8章 とことん使う！1ランク上のカスタマイズワザ

Section
129

すぐ鞄にしまえるよう本体のボタンで電源を切る

初期設定では電源ボタンを押すとスリープ状態になりますが、すぐにシャットダウンするように変更できます。外出が多く、Surfaceの電源をすぐ消してバッテリーを節約したい人におすすめの設定です。

1 電源ボタンの機能を変更する

❶ ＜設定＞アプリを表示します。

❷ ＜システム＞→＜電源とスリープ＞をクリックし、

❸ 「関連設定」の＜電源の追加設定＞をクリックします。

❹ ＜電源ボタンの動作の選択＞をクリックすると、

❺ 「電源ボタンを押したときの動作」のプルダウンメニュー（ここでは「電源に接続」のもの）をクリックし、

❻ ＜シャットダウン＞をクリックします。

204

第8章 とことん使う！1ランク上のカスタマイズワザ

Section 130

タイプカバーをたたんだときの動作を設定する

本体の電源ボタンと同じように、タイプカバーをたたんだときの動作もスリープからシャットダウンに変更できます。電源がスマートに切れる反面、思わぬタイミングでシャットダウンされかねないので、設定後はSurfaceの扱いに気を付けましょう。

1 カバーを閉じたときの動作を変更する

❶ 前ページを参考に「電源プランの選択またはカスタマイズ」画面を表示します。

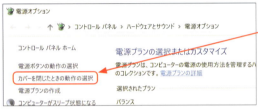

❷ ＜カバーを閉じたときの動作の選択＞をクリックし、

❸ 「カバーを閉じたときの動作」のプルダウンメニュー（ここでは「電源に接続」のもの）をクリックしたあと、

❹ ＜シャットダウン＞をクリックして、

❺ ＜変更の保存＞をクリックします。

205

第8章 とことん使う！1ランク上のカスタマイズワザ

Section
131 タッチパッドを扱いやすくカスタマイズする

下にスクロールしているつもりが画面が上に移動するというように、タッチパッドを上手く操作できないときは設定を変えてみましょう。また、3本指ジェスチャや4本指ジェスチャの機能を再設定することもできます。

1 タッチパッドとタップの設定を変更する

❶ ＜設定＞アプリを表示します。

❷ ＜デバイス＞→＜タッチパッド＞をクリックします。

❸ タッチパッドのオン／オフやカーソルの速度を調整できます。

❹ 「タッチパッドの感度」からタッチパッドの感度を調整できます。

❺ タップの操作を変更できます。

2 スクロールとズームの設定を変更する

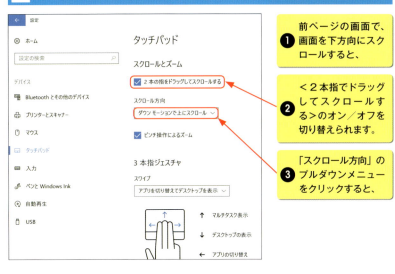

① 前ページの画面で、画面を下方向にスクロールすると、

② ＜2本指でドラッグしてスクロールする＞のオン／オフを切り替えられます。

③ 「スクロール方向」のプルダウンメニューをクリックすると、

④ スクロール方向を変更できます。

⑤ ＜ピンチ操作によるズーム＞のオン／オフを切り替えられます。

第8章 とことん使う！1ランク上のカスタマイズワザ

3 3本指のジェスチャの設定を変更する

1. 画面を下方向にスクロールし、
2. 「3本指ジェスチャ」の「スワイプ」のプルダウンメニューをクリックして、

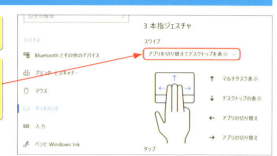

3. 表示されたメニューを選択すると、3本指のスワイプ操作の設定を変更できます。

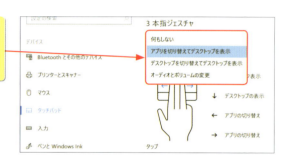

4. 同様に「タップ」のプルダウンメニューをクリックし、

5. 表示されたメニューを選択すると、3本指のタップ操作の設定を変更できます。

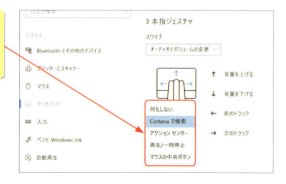

4 4本指のジェスチャの設定を変更する

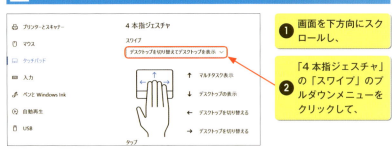

1. 画面を下方向にスクロールし、
2. 「4本指ジェスチャ」の「スワイプ」のプルダウンメニューをクリックして、

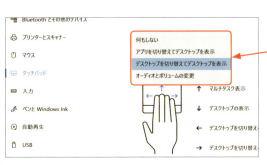

3. 表示されたメニューを選択すると、4本指のスワイプ操作の設定を変更できます。

4. 同様に「タップ」のプルダウンメニューをクリックし、

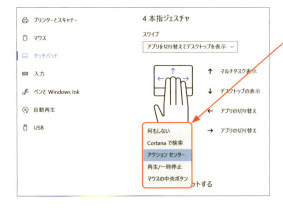

5. 表示されたメニューを選択すると、4本指のタップ操作の設定を変更できます。

第8章 とことん使う！1ランク上のカスタマイズワザ

第8章 とことん使う！1ランク上のカスタマイズワザ

Section

132 「ドキュメント」をスタートメニューに表示する

Surfaceを利用していると、「ドキュメント」「ダウンロード」「ピクチャ」などのフォルダーによくアクセスします。エクスプローラーからいちいちアクセスするのが手間なときは、スタートメニューにフォルダーを追加しましょう。

1 スタートメニューに「ドキュメント」フォルダーを追加する

❶ <設定>アプリを表示します。

❷ <個人用設定>→<スタート>をクリックし、

❸ <スタート画面に表示するフォルダーを選ぶ>をクリックします。

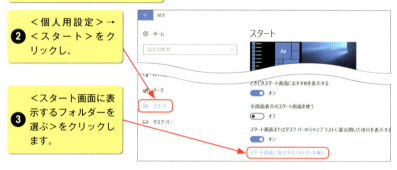

❹ スタートメニューに表示したいフォルダーをクリックしてオンにすると、

❺ スタートメニューに「ドキュメント」などのフォルダーが表示されます。

210

第8章 とことん使う！1ランク上のカスタマイズワザ

Section
133 よく使うアプリに アクセスしやすくする

スタートメニューにタイルがズラッと並んでいると、よく起動するアプリを探すのも一苦労です。＜設定＞アプリで「よく使うアプリ」の表示をオンに切り替えると、スタートメニューに使用頻度の高いアプリが表示されるので起動しやすくなります。

1 ＜よく使うアプリ＞を表示する

❶ ＜設定＞アプリを表示します。

❷ ＜個人用設定＞をクリックし、

❸ ＜スタート＞をクリックして、

❹ 「よく使われるアプリを表示する」をオンにします。

❺ スタートメニューの左上に、「よく使われるアプリ」が表示されます。

211

Section 134

仕事と趣味で使うアプリをグループ分けする

使用するアプリの種類が増えてきたら、よく使うアプリを起動しやすいようにスタートメニューを整理しましょう。ここではグループ分けの方法と、フォルダー作成でアプリをまとめる方法を紹介します。

1 タイルをグループ分けする

❶ スタートメニューを表示します。

❷ 任意のアプリをスタートメニューの最下部にドラッグすると、

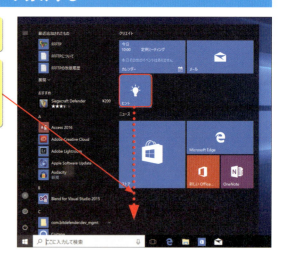

❸ スタートメニュー内にグループが作成されます。

❹ ここをクリックしてグループに名前を付け、

❺ 手順❷と同じ方法で別のアプリをグループ内にまとめます。

2 タイルをフォルダー分けする

ここでは、＜Word＞＜Excel＞＜PowerPoint＞＜OneNote＞を1つのフォルダーにまとめます。

❶ ＜Word＞のタイルに＜Excel＞をドラッグして重ねると、

❷ ＜Word＞と＜Excel＞が1つのフォルダーにまとめられます。

❸ ＜PowerPoint＞と＜OneNote＞をフォルダー上にドラッグします。

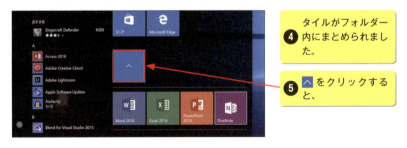

❹ タイルがフォルダー内にまとめられました。

❺ ∧ をクリックすると、

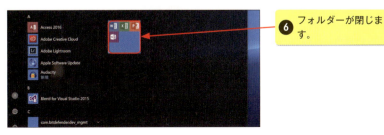

❻ フォルダーが閉じます。

第8章 とことん使う！1ランク上のカスタマイズワザ

第8章 とことん使う！1ランク上のカスタマイズワザ

Section

135 よく使うアプリのタイルは「横長」か「大」に設定

スタートメニューのタイルは、「横長」や「大」などに大きさを変更できます。使用頻度の高いアプリは大きいタイルにし、使用頻度の低いアプリは小さいタイルにしておくと、直感的にアプリを起動できるようになります。

1 タイルのサイズを変更する

① スタートメニューを表示します。

② タイルを右クリックして、

③ <サイズ変更>をクリックし、

④ <横長>か<大>をクリックします。

⑤ アプリのサイズが変更されます。

Memo スタートメニューからタイルを消す

あまり使わないアプリのタイルをスタートメニューから消したいときは、不要なタイルを右クリックして<スタートからピン留めを外す>をクリックしましょう。

第8章 とことん使う！1ランク上のカスタマイズワザ

Section
136 よく使うフォルダーを タイルにする

「ドキュメント」や「ピクチャ」など以外の通常のフォルダーもスタートメニューに追加できます。よく使うフォルダーを登録しておけば、スタートメニューのタイルをクリックするだけで開けるので便利です。

1 フォルダーをスタートメニューに追加する

① デスクトップからエクスプローラーを起動します。

② スタートメニューに追加したいフォルダーを右クリックし、

③ ＜スタートにピン留め＞をクリックします。

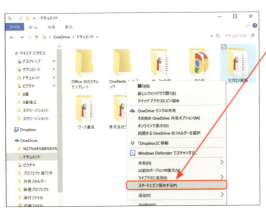

④ スタートメニューを表示すると、

⑤ フォルダーが追加されていることを確認できます。

215

第8章 とことん使う！1ランク上のカスタマイズワザ

Section 137

文字のサイズを変えて画面を見やすくする

Surfaceはデスクトップパソコンと比べるとディスプレイのサイズが小型です。文字が小さくて情報を読み取りづらいときは、必要に応じて文字のサイズを変更するとよいでしょう。

1 文字のサイズを変更する

❶ ＜設定＞アプリを表示します。

❷ ＜システム＞→＜ディスプレイ＞をクリックし、

❸ 「拡大縮小とレイアウト」の＜200%＞をクリックします。

❹ 拡大率を選択して文字などのサイズを変更します。

第8章 とことん使う！1ランク上のカスタマイズワザ

Section 138

味気ないスタートメニューの色をアレンジする

Windows 10は青を基調にしたデザインとなっていますが、＜設定＞アプリから好きな色に変えられます。Surfaceの画面をより自分らしく変えて、仕事のモチベーションをアップさせましょう。

1 ＜色＞でデザインを変更する

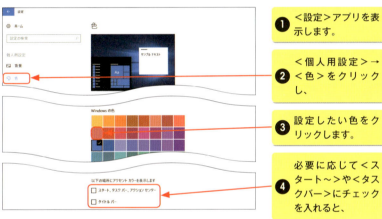

❶ ＜設定＞アプリを表示します。

❷ ＜個人用設定＞→＜色＞をクリックし、

❸ 設定したい色をクリックします。

❹ 必要に応じて＜スタート～＞や＜タスクバー＞にチェックを入れると、

❺ Windows 10のデザインが変更されていることを確認できます。

Memo カスタム色を設定する

Windows 10を自分だけの色に変えたい場合は、手順❸で＜カスタム色＞をクリックしましょう。そのあと、表示されたカラーチャートから任意の箇所をクリックしたり、画面中央のスライダーで濃度を調整したりして、＜完了＞をクリックします。

Section 139

背景やデザインを
テーマで劇的に変える

デスクトップの雰囲気をガラッと変えたいときは、テーマを変更しましょう。壁紙と背景、タイルの色がまとめて設定されます。テーマは標準で用意されているもののほかにも、＜ストア＞アプリから追加することもできます。

1 ＜テーマ＞でデザインを変更する

❶ ＜設定＞アプリを表示します。

❷ ＜個人用設定＞→＜テーマ＞をクリックし、

❸ 変更したいテーマを選択すると、

❹ 背景やスタートメニューのタイルのデザインが変更されていることを確認できます。

2 ＜ストア＞アプリからテーマを追加する

① 前ページの手順❸の画面で＜ストアで追加のテーマを取得＞をクリックすると、

② 入手可能なテーマが一覧で表示されます。

③ 入手したいテーマをクリックし、

④ ＜入手＞→＜起動＞をクリックすると、

⑤ ＜設定＞アプリに新しくテーマが追加されます。

⑥ 前ページを参考に入手したテーマに変更します。

Section 140

旅行や家族の写真を
ロック画面の背景にする

ロック画面の背景には、Windowsが選んだ写真が表示されます。これを旅行や家族の写真に変更してはいかがでしょう。疲れているときも仕事のモチベーションを保ったり、少し気分を落ち着かせたりする効果があります。

1 ロック画面の背景を変更する

❶ <設定>アプリを表示します。

❷ <個人用設定>→<ロック画面>をクリックし、

❸ 背景のプルダウンメニューをクリックします。

❹ <画像>をクリックし、

❺ <参照>をクリックします。

6 画像が保存されているフォルダーを開き、

7 背景にしたい画像をクリックし、

8 ＜画像を選ぶ＞をクリックします。

9 ロック画面の背景が変更されました。

10 電源ボタンを押していったんSurfaceをスリープ状態にして、

11 再度立ち上げるとロック画面が変更されていることを確認できます。

StepUp スライドショーを設定する

手順❹の画面で＜スライドショー＞をクリックし、画像が保存されたフォルダーを選択すると、ロック画面に選択したフォルダー内の画像がランダムに表示されます。

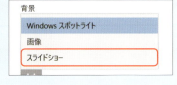

第8章 とことん使う！1ランク上のカスタマイズワザ

Section
141 ロック画面に表示する情報をカスタマイズする

初期状態のロック画面には＜カレンダー＞アプリが表示されますが、＜天気＞や＜メール＞などに変更できます。Surfaceを起動したら、今日の気温や仕事のメールが届いていないかを、ロック画面から手早くチェックできるようになります。

1 ロック画面の表示情報を変更する

① ＜設定＞アプリで＜個人用設定＞→＜ロック画面＞をクリックし、

② 「状態の詳細を表示するアプリを選ぶ」の をクリックして、

③ ロック画面に表示するアプリをクリックします。

しばらく操作しないとSurfaceがスリープになり、ロックがかかります。

④ ロック中も手順❸で登録したアプリの情報を確認できます。

第8章 とことん使う！1ランク上のカスタマイズワザ

Section
142

タスクバーを操作しやすい位置に変更する

タスクバーは初期状態だとデスクトップの下部に配置されていますが、上部や左右に位置を変えられます。Excelの行を少しでも多く表示したいときなどに活用してみましょう。

1 タスクバーの位置を変更する

❶ <設定>アプリを表示します。

❷ <個人用設定>→<タスクバー>をクリックします。

❸ 「画面上のタスクバーの位置」のプルダウンメニューをクリックし、

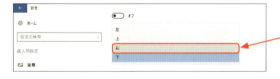

❹ タスクバーを表示したい場所（ここでは<右>）をクリックすると、

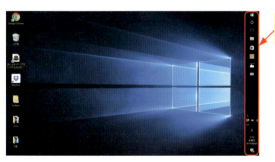

❺ タスクバーの位置が変更されました。

223

第8章 とことん使う！1ランク上のカスタマイズワザ

Section
143

アクションセンターのアイコンをカスタマイズする

アクションセンターには「タブレットモード」以外にさまざまなアイコンが表示されていますが、「Wi-Fi」や「Bluetooth」など必要なものだけ表示するようにカスタマイズできます。また、特定のアプリのみ通知を表示することも可能です。

1 アクションセンターの設定を変更する

❶ <設定>アプリを表示します。

❷ <システム>→<通知とアクション>をクリックし、

❸ <クイックアクションの追加または削除>をクリックして、

❹ 不必要なアイコンをオフに切り替えます。

⑤ アクションセンターを表示すると、アイコンの数が変わっていることを確認できます。

2 アプリごとに通知のオン/オフを切り替える

① 前ページの手順②のあと、画面を下方向にスクロールします。

② アプリごとに通知のオン/オフを切り替えることができます。

Hint そのほかの通知の設定方法

手順②の画面の「通知」の項目では、全アプリの通知を受け取らないようにしたり、マルチデスクトップの利用中は通知を非表示にしたりできます。しばらく集中して資料やメールを作成したいときに利用しましょう。

第8章 とことん使う！1ランク上のカスタマイズワザ

Section
144 海外旅行や出張時に現地の時間を表示する

海外へ出張にいくときは、「タイムゾーン設定」で時計をあらかじめ現地の時刻に合わせましょう。Surfaceのタイムゾーンを変えたくない場合は、「日付と時刻」メニューに現地時間の時計を追加するとよいでしょう。

1 タイムゾーンの地域を変更する

❶ <設定>アプリを表示します。

❷ <時刻と言語>→<日付と時刻>をクリックします。

❸ 「タイムゾーン」のプルダウンメニューをクリックし、

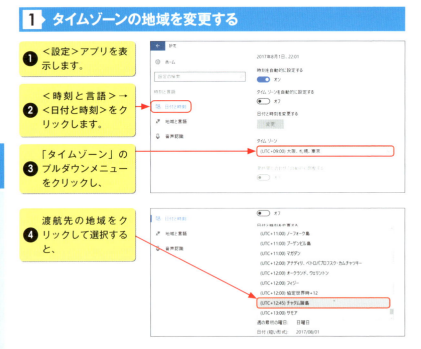

❹ 渡航先の地域をクリックして選択すると、

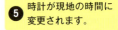

❺ 時計が現地の時間に変更されます。

2 別の地域のタイムゾーンを追加する

① 前ページ手順❸の画面で＜別のタイムゾーンの時計を追加する＞をクリックします。

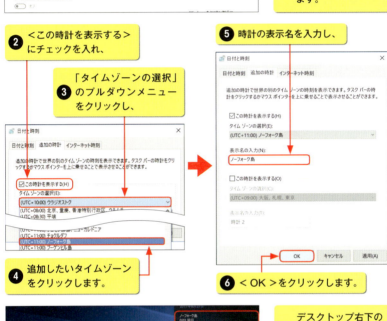

② ＜この時計を表示する＞にチェックを入れ、

③ 「タイムゾーンの選択」のプルダウンメニューをクリックし、

④ 追加したいタイムゾーンをクリックします。

⑤ 時計の表示名を入力し、

⑥ ＜OK＞をクリックします。

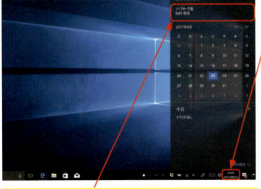

⑦ デスクトップ右下の時刻をクリックすると、

⑧ タイムゾーンが追加されていることを確認できます。現地と日本の時刻を同時に確認したいときに便利です。

第8章 とことん使う！1ランク上のカスタマイズワザ

Section
145 通信をオフにして消費電力を抑える

カフェや飲食店で電源を確保できないときは、できるだけバッテリーを節約したいものです。省エネの方法はいくつかありますが、まずはアクションセンターから余計な通信を行わないように設定しましょう。

1 位置情報や機内モードの設定を変更する

① P.37のMemoを参考にアクションセンターを表示します。

② ＜機内モード＞をクリックしてオンに切り替えます。

③ タスクバーに が表示され、機内モードがオンになります。インターネットやメールの通信がオフになり、バッテリーの消費を抑えながら作業に集中できます。

Memo メールの通知はどうなる？

＜機内モード＞をオンにしている間は、メールの通知も表示されなくなります。しかし、＜機内モード＞をオフにすると通知が表示されるので、安心してください。

第8章 とことん使う！1ランク上のカスタマイズワザ

Section 146

明るさの自動調整機能をオフにして省エネ化

Surfaceがバッテリーを消費する最大の要因は、実はディスプレイの点灯です。明るさの自動調整をオフにし、無闇にディスプレイが明るくならないようにすることで、バッテリーを上手に節約できます。

1 明るさの自動調整機能をオフにする

① ＜設定＞アプリを表示し、＜システム＞をクリックして、

② ＜ディスプレイ＞をクリックします。

③ バーをドラッグして画面の明るさを調整したら、

④ ＜照明が変化した場合に～調整する＞のチェックを外します。

第8章 とことん使う！1ランク上のカスタマイズワザ

Section 147

プレゼン用の電源プランを作成する

プレゼンのとき、緊張でついスリープや明るさの設定変更を忘れてしまう。そんな人におすすめなのが、電源プランの作成です。プランを変えると、スリープや明るさの設定が同時に変わり、当日も落ち着いてプレゼンをはじめられます。

1 電源プランを作成する

1. P.204を参考に「電源プランの選択またはカスタマイズ」画面を表示します。
2. ＜電源プランの作成＞をクリックし、
3. プランの名前を入力して、
4. ＜次へ＞をクリックします。
5. 「プラン設定の変更」画面が表示されます。
6. 「ディスプレイの電源を切る」（画面が暗くなる）までの時間を設定し、

230

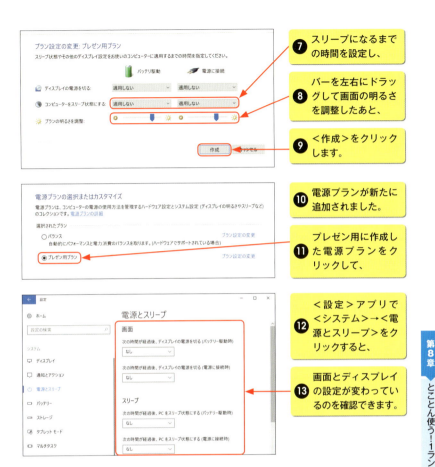

7 スリープになるまでの時間を設定し、

8 バーを左右にドラッグして画面の明るさを調整したあと、

9 <作成>をクリックします。

10 電源プランが新たに追加されました。

11 プレゼン用に作成した電源プランをクリックして、

12 <設定>アプリで<システム>→<電源とスリープ>をクリックすると、

13 画面とディスプレイの設定が変わっているのを確認できます。

Memo 電源プランを削除する

電源プランを削除したい場合は、手順❶の画面でそのプランにチェックを入れずに<プラン設定の変更>をクリックします。そのあと<このプランを削除>をクリックしましょう。

第8章 とことん使う！1ランク上のカスタマイズワザ

Section
148 電池残量に応じてバッテリー節約モードにする

Windows 10には、アプリの挙動や通知を制限する節約機能が用意されていますが、仕事に没頭していると、ついつい設定を忘れてしまうもの。バッテリーが一定の残量を下回ったら節約機能が起動するように設定しておきましょう。

1 節約機能の設定を変更する

① ＜設定＞アプリを表示します。

② ＜システム＞をクリックして、

③ ＜バッテリー＞をクリックします。

④ ＜バッテリー残量が〜＞にチェックを入れたあと、

⑤ バッテリーのバーを左にドラッグし、「15％」程度に設定します。

第 **9** 章

いざというときに!
Surfaceの
セキュリティワザ

第9章 いざというときに！Surfaceのセキュリティワザ

Section
149 Surfaceがフリーズしたら電源ボタンを長押し

滅多にないことですがSurfaceの利用中、ふいに画面が固まって動かなくなったり、暗くなって操作できなくなったりすることがあります。そのようなときは次の方法を試してSurfaceを再起動しましょう。

1 Surfaceを強制的に再起動する

① 電源ボタンを約10秒間長押ししてから離します。

Memo Laptopの場合

Surface Laptopでは、キーボードにある電源ボタンを約10秒長押しします。

② 再び電源ボタンを押すと、Surfaceが再起動します。

Hint 起動しない場合はバッテリーもチェックする

電源ボタンを押しても起動しない場合は、バッテリー切れの可能性も考えられます。ケーブルでSurfaceを充電して、起動するか確かめてみましょう。

第9章 いざというときに！Surfaceのセキュリティワザ

Section
150 OSが自動アップロードされない時間を設定する

Windows 10は定期的にアップデートが配信されており、自動的に再起動されることもあります。それでは困る場合はアクティブ時間を設定し、仕事中は更新が行われないようにしましょう。

1 アクティブ時間を設定する

❶ <設定>アプリを表示します。

❷ <更新とセキュリティ>をクリックします。

❸ <アクティブ時間の変更>をクリックし、

❹ 仕事の開始時刻と終了時刻を設定して、

❺ <保存>をクリックします。

第9章 いざというときに！Surfaceのセキュリティワザ

Section 151

ファイル履歴で大事なデータをバックアップする

仕事で使う大事なファイルが破損して開けなかったり、いつの間にか消えていたりしたら大変です。そうした万が一のときでも慌てないように、microSDカードやUSBメモリへファイルをバックアップしましょう。

1 ドライブを指定してファイルをバックアップする

① 第3章を参考に、microSDカードやUSBメモリをSurfaceに接続します。

② ＜設定＞アプリを表示し、＜更新とセキュリティ＞→＜バックアップ＞をクリックして、

③ ＜ドライブの追加＞をクリックします。

④ バックアップに使用するドライブをクリックして、

⑤ ＜ファイルのバックアップを自動的に実行＞がオンになっていることを確認し、

⑥ ＜その他のオプション＞をクリックします。

7 バックアップの必要がないフォルダーは、「バックアップ対象のフォルダー」からクリックし、

8 <削除>をクリックして対象から外します。

9 <今すぐバックアップ>をクリックし、しばらく経つとバックアップが完了します。

2 バックアップからファイルを復元する

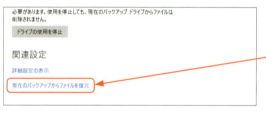

1 バックアップが完了したあと、手順**7**の画面下部で<現在のバックアップからファイルを復元>をクリックします。

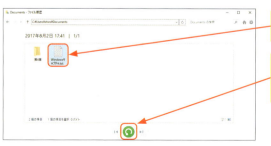

2 ファイルを保存していた場所をクリックして、

3 復元したいファイルをクリックし、

4 ◎ をクリックすると、ファイルが復元されます。

第9章 いざというときに！Surfaceのセキュリティワザ

Section
152

Windowsを初期化してリフレッシュする

Surfaceが正常に動作しなくなってしまったら、＜設定＞アプリから部分的に初期化しましょう。会社にSurfaceを返却したり、家族に譲ったりするときはクリーンインストールを行います。

1 ファイルは残したまま初期化する

❶ ＜設定＞アプリを表示します。

❷ ＜更新とセキュリティ＞→＜回復＞をクリックし、

❸ ＜開始する＞をクリックします。

❹ ＜個人用ファイルを保持する＞をクリックして、

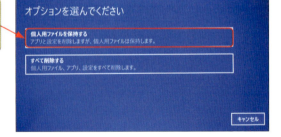

Memo デスクトップアプリは削除される

手順❹で＜個人用ファイルを保持する＞をクリックすると、ストアアプリはSurfaceに残りますが、デスクトップアプリは削除されます。Chromeなどのデスクトップアプリは、初期化後に再インストールする必要があります。

5 メッセージを確認して<次へ>をクリックします。

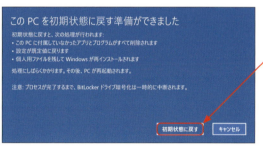

6 <初期状態に戻す>をクリックすると初期化が行われます。ストアアプリと個人用のファイルはそのまま残ります。

Hint OSも含めて完全に初期化する

手順❹で<すべて削除する>をクリックするとパソコンのファイルはすべて削除されますが、OSは最新のアップデートが反映されたままです。
OSも含め、Surfaceを完全に購入時の状態に戻したいときは手順❸で<Windowsのクリーンインストールで新たに開始する方法>をクリックし、クリーンインストールを行いましょう。

1 手順❸の画面で、<Windowsのクリーンインストールで新たに開始する方法>をクリックし、

2 <はい>→<開始する>をクリックすると、Surfaceのクリーンインストール(完全な初期化)が開始されます。

第9章 いざというときに！Surfaceのセキュリティワザ

Section
153 万一に備えて回復ドライブを作成する

長く使い続けていると、OSに何らかの不具合が起きてSurfaceが起動しなくなる……なんてことも起こりえます。そうしたときに備えて、システムを復旧するための回復ドライブを動作が正常なうちに作成しておきましょう。

1 USBメモリに回復ドライブを作成する

① 32GB以上のUSBメモリを用意し、SurfaceのUSBポートに差し込みます。

② タスクバーの入力欄に「回復ドライブ」と入力し、

③ ＜回復ドライブの作成＞をクリックします。

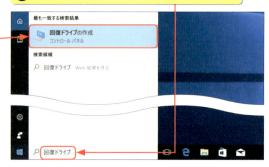

KeyWord 回復ドライブ

回復ドライブとは、パソコンの動作を元に戻すための情報をまとめたものです。回復ドライブを作成するときは、32GB以上の十分な空き領域があるUSBメモリを用意します。なお回復ドライブでSurfaceを修復するとファイルはすべて削除されるので、必要なものは前もってクラウドサービス（第5章参照）へ保存しておきましょう。

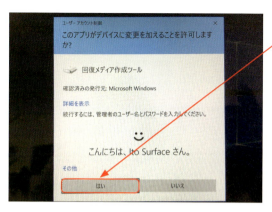

「ユーザーアカウント制御」画面で<はい>をクリックし、

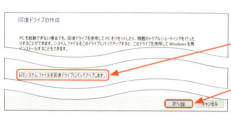

<システムファイルを回復ドライブにバックアップします。>にチェックを入れ、

<次へ>をクリックします。

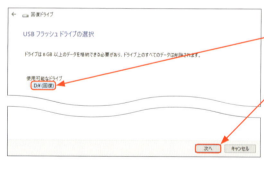

<使用可能なドライブ>をクリックして、

<次へ>をクリックしたあと、

<作成>をクリックして、回復ドライブを作成します。

Section 154

回復ドライブで
システムを復旧する

バッテリーが十分残っているにも関わらず、何らかの原因でSurfaceがうまく起動しなくなってしまったときは、P.240で作成した回復ドライブを使ってシステムを復旧しましょう。

1 回復ドライブからWindowsを復旧する

① P.240で回復ドライブを作成したUSBメモリを、SurfaceのUSBポートに接続します。

② 音量の-ボタンを押しながら電源ボタンを押し、電源ボタンから指を離します。

③ Windowsのロゴが表示されたら、-ボタンから指を離します。

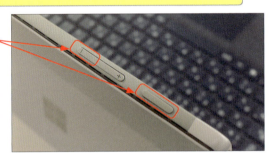

④ オプションの選択画面が表示されます。

⑤ <デバイスの使用>をクリックし、

⑥ <USB Storage>をクリックします。

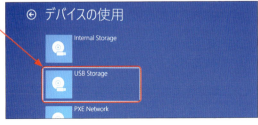

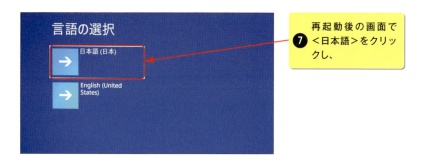

再起動後の画面で
❼ <日本語>をクリックし、

❽ <Microsoft IME>をクリックして、

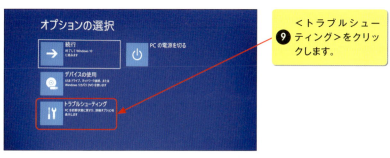

❾ <トラブルシューティング>をクリックします。

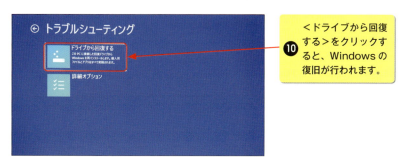

❿ <ドライブから回復する>をクリックすると、Windowsの復旧が行われます。

第9章 いざというときに！Surfaceのセキュリティワザ

Section
155 「デバイスの検索」で紛失したSurfaceを探す

外廻りの最中にうっかりSurfaceを電車内に置き忘れてしまっても、＜設定＞アプリで「デバイスの検索」をオンにしておけば、ブラウザでSurfaceの位置を探せます。手元のスマートフォンなどからアクセスして追跡しましょう。

1 Surfaceを探せるように準備する

① ＜設定＞アプリを表示し、＜更新とセキュリティ＞→＜デバイスの検索＞をクリックします。

② ＜変更＞をクリックし、

③ 「デバイスの位置情報を定期的に保存する」をオンに切り替えます。

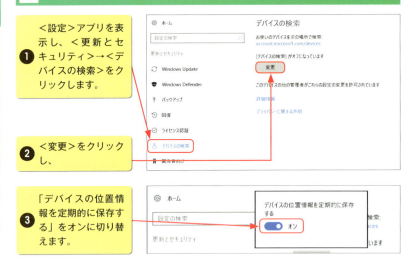

2 ブラウザからSurfaceを探す

① ブラウザから Microsoft アカウントの管理ページ「http://account.microsoft.com/devices」にアクセスし、

② ＜Microsoft アカウントでサインイン＞をクリックします。

③ Microsoftアカウントのメールアドレスを入力し、

④ <次へ>をクリックして、

⑤ Microsoftアカウントのパスワードを入力したあと、

⑥ <サインイン>をクリックします。

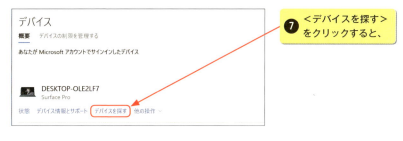

⑦ <デバイスを探す>をクリックすると、

⑧ Surfaceの位置がマップ上に表示されます。

第9章 いざというときに！Surfaceのセキュリティワザ

Section
156 デバイスマネージャーで周辺機器を認識させる

Surfaceに外部アクセサリを接続したとき、まれにアクセサリが認識されず動作しないことがあります。その場合はデバイスマネージャーを起動して、ドライバーを最新のバージョンに更新しましょう。

1 デバイスマネージャーからドライバーを更新する

❶ ⊞＋Xキーを同時に押して、

❷ ＜デバイスマネージャー＞をクリックします。

❸ デバイスマネージャーが起動します。

❹ アクセサリのカテゴリーをダブルクリックし（ここでは＜ディスクドライブ＞）、

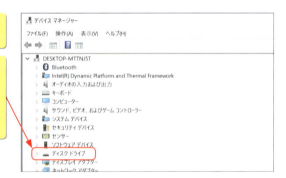

❺ アクセサリを右クリックして、

❻ ＜プロパティ＞をクリックします。

246

❼ アクセサリのプロパティが表示されます。

❽ <ドライバー>をクリックし、

❾ <ドライバーの更新>をクリックして、

❿ どちらかの検索方法をクリックし、表示されたドライバーをインストールします。

第9章 いざというときに！Surfaceのセキュリティワザ

247

Section 157

アプリのアンイストールで使える記憶容量を増やす

さまざまなアプリで機能を拡充できるのがSurfaceの強みですが、あまり数が増えすぎると記憶領域が圧迫されるだけでなく、目的のものが探しにくくなります。不要になったアプリはアンインストールしましょう。

1 ストアアプリをアンインストールする

① スタートメニューを表示し、アンインストールしたいアプリを右クリックします（ここでは<LINE>）。

② <アンインストール>をクリックして、

③ <アンインストール>をクリックすると、ストアアプリがアンインストールされます。

2 デスクトップアプリをアンインストールする

① <設定>アプリを表示します。

② <アプリ>→<アプリと機能>をクリックして、

③ アンインストールしたいアプリをクリックし、

④ <アンインストール>→<アンインストール>をクリックします。

⑤ 「ユーザーアカウント制御」画面で<はい>をクリックしたあと、

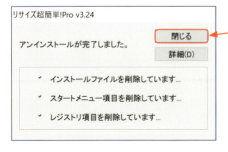

⑥ 画面の指示に従って操作すると、デスクトップアプリがアンインストールされます。

Section 158 タスクマネージャーで重いアプリを強制終了

Surfaceの動作が不安定になったり遅くなったりする原因には、起動中のアプリが多すぎることが考えられます。タスクマネージャーからメモリを浪費しているアプリを突き止めて終了させましょう。

1 タスクマネージャーからアプリを終了させる

❶ ■+Xキーを同時に押して、

❷ <タスクマネージャー>をクリックします。

❸ <詳細>をクリックすると、

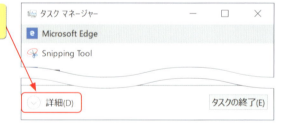

❹ 起動中のアプリと、消費しているメモリが表示されます。

❺ 終了させたいアプリをクリックし、

❻ <タスクの終了>をクリックしてアプリを終了させます。

第9章 いざというときに！Surfaceのセキュリティワザ

Section
159 どうにもならないときは サポートサイトにアクセス

これまで紹介してきた以外に、Surfaceで何らかのトラブルが起きて解決策がわからないときは、Microsoftのサポートサイトを活用しましょう。各種トピックやメッセージのやり取りで対処法を調べられます。

1 Surfaceのサポートサイトを活用する

❶ ブラウザから「https://www.microsoft.com/surface/ja-jp/support」にアクセスすると、Surfaceのサポートサイトが表示されます。

❷ 使用機種をクリックすると、

❸ 画面下部のトピックから、各トラブルに対する対処法を確認できます。

❹ 手順❶の画面で最下部の＜今すぐ問い合わせる＞をクリックすると、不明点を直接Microsoftの担当者に質問できます。

251

INDEX

数字

⊞キー	19
Fnキー	19
1本指でスワイプ	22
1本指でタップ	22
2本指で左右にスワイプ	23
2本指でタップ	22
2本指で上下にスワイプ	23
3本指で上にスワイプ	23
3本指で左右にスワイプ	23
4本指のジェスチャ	209

A～D

Adobe Lightroom	184
Alarm Clock HD	189
Audacity	187
Bluetooth	74
Chrome	98
Cortana	169
DMM動画プレイヤー	185
Drawboard PDF	182
Dropbox	145
Dropboxアプリ	154

E～L

EmEditor Free	193
Facebook	181
FFFTP	194
GIMP	183
Gmail	106
Googleアカウント	101
Googleカレンダー	114
HDMIケーブル	80
Instagram	184
Jtrim	183
Kindle for PC	189
LINE	180

M～O

MediBang Pain	188
microSDカード	87
Microsoft Number Puzzle	192
Minecraft	192
Mini DisplayPort	15
MSNニュース	190
Netflix	185
NextFTP	194
Officeファイルを共同編集	138
Officeファイルを編集	136
OneDrive	124
OneDriveアプリ	144
OneDrive（ブラウザ版）	135
OneNote	158
OneNote（ブラウザ版）	166

P～T

Paint 3D	188
Perfect Tube	186
PINコード	200
PowerPoint	82
Premiere Elements	187
Skype	180
SSID	49
Surface Book	14
SurfaceConnect	15
Surface Laptop	14
Surface Pro	14
Surfaceドック	90
Surfaceペン	156
Tablet Pro	182

TeraPad	193
Twitter	181

U〜V 行

USB 3.0端子	15
USBハブ	89
USBフルキーボード	78
USBメモリ	88
VGAケーブル	80

W〜Z

Webノート	169
Webブラウジング	24, 168
Wi-Fi	48
Wi-Fiルーター	48
Wi-Fiを削除	64
Windows 10 Pro	14
Windows 10 S	14
Windows Hello	15, 196
Windows Ink	170
Yahoo!天気・災害	191

あ 行

アイコンを並べ替え	33
アカウントを削除（Gmail）	109
アカウントを追加（Gmail）	107
アカウントを追加（カレンダー）	122
アカウントを作る（Dropbox）	146
明るさの自動調整をオフ	229
アクションセンター	37, 224
アクティブ時間	235
朝日新聞デジタル	190
アドオン	119
アプリを起動	41
アプリを探す	31

アプリを終了	43
アンインストール	248
印刷	95
映画.com	186
エキサイトニュース	191
お気に入り	103
音量ボタン	15
音量を調整	28

か 行

回転ロック	40
外部アクセサリ	72
回復ドライブ	240
顔認証	196
画像を添付	164
画面の明度	26
キーボード	19
キックスタンド	15
既定のアプリを変える	100
強制的に再起動	234
共有フォルダー（Dropbox）	152
共有フォルダー（OneDrive）	132
共有を停止（Dropbox）	153
共有を停止（OneDrive）	140
クリーンインストール	239
クリック（Surfaceペン）	168
消しゴム機能	162
検索（Gmail）	113
公衆無線LAN	58

さ 行

サポートサイト	251
ジェスチャ	22
システムを復旧	242
シャットダウンする	17

253

INDEX

収納ケース	96
週の開始日	117
祝日	116
純製アクセサリ	73
初期化	238
署名	110
スクリーンショット（Surfaceペン）	163
スクリーンショット（キー操作）	29
スケッチパッド	172
スタートメニュー	30
スタートメニューの色を変更	217
ストアアプリ	178
スナップ機能	44
スリープ時間の変更	202
スリープする	17
スワイプ	22, 39
セキュリティキー	49
節約モード	232
全員に返信	112
外付けDVDドライブ	92

た 行

タイプカバー	18
タイプカバーの設定変更	205
タイムゾーンの追加	227
タイムゾーンの変更	226
タイルのサイズを変更	214
タイルをグループ分け	212
タイルをフォルダー分け	213
タスクバー	32, 46, 223
タスクビュー	42
タスクマネージャー	250
タッチスクリーン	15
タッチパッド	19
タッチパッドの設定変更	206

タップ	22, 38
ダブルタップ	22, 38
タブレットモード	36
通信量の上限	53
通信をオフ	228
通知の変更	225
テーマを変更	218
テザリング	52
テザリング（Android）	56
テザリング（iPhone）	54
デスクトップアプリ	179
デスクトップモード	37
デバイスの検索	244
デバイスマネージャー	246
デュアルディスプレイ	86
テレビチューナー	91
電源プラン	230
電源ボタン	15
電源ボタンの設定変更	204
電源を入れる	16
電源を切る	16
同期フォルダー（OneDrive）	131
特殊キー	21
トップボタン	157
ドラッグ	23, 39
ドラッグ（Surfaceペン）	168

な～は 行

長押し	39
なげなわツール	161
バックライトの明度	27
バッテリー節約機能	232
パブリックネットワーク	51, 65
ピクチャパスワード	198
非公開のネットワーク	50

左クリックしてスワイプ	23
筆圧の調整	174
ピンチ／ストレッチ	23, 39
ファイルを添付	165
ファイルをバックアップ	236
ファイルを復元（Dropbox）	148
ファイルを復元（OneDrive）	141, 142
ファンクションキー	21
フォルダーを追加	210, 215
複数のアプリを起動	42
付箋	170
ブックマークバー	104
プライベートネットワーク	51, 65
プロジェクター	82
フロントカメラ	15
ペアリング	74
ヘッドセットジャック	15
ペン先	157
返信用のアドレス	111
ペンの設定変更	158
保護バック	96
保護フィルム	96

ま　行

マルチデスクトップ	34
右クリック（Surfaceペン）	168
右クリックボタン	157
無線LAN	48
メインカメラ	15
文字サイズを変更	216
モニター出力用アダプター	80
モバイルルーター	66

や　行

夜間モード	203

有線LAN	94
よく使うアプリ	211
予定を追加	115

ら～わ　行

リンクを送る（Dropbox）	150
リンクを送る（OneDrive）	134
リンクを解除	128
ローカルアカウント	127
ログイン（Chrome）	101
ロック画面の背景	220
ロック画面の表示情報	222
ロック時間の変更	201
ロックを解除（Surfaceペン）	159
ワイヤレスキーボード	76
ワイヤレスヘッドセット	79
ワイヤレスマウス	74

■ お問い合わせの例

FAX

1 お名前
技術 太郎

2 返信先の住所またはFAX番号
03-XXXX-XXXX

3 書名
今すぐ使えるかんたんPLUS⁺
Surface 完全大事典

4 本書の該当ページ
62 ページ

5 ご使用の端末やOS、Webブラウザ
Surface Pro
Windows 10
Microsoft Edge

6 ご質問内容
手順②の操作ができない

お問い合わせについて

本書に関するご質問については、本書に記載されている内容に関するもののみとさせていただきます。本書の内容と関係のないご質問につきましては、一切お答えできませんので、あらかじめご了承ください。また、電話でのご質問は受け付けておりませんので、必ずFAXか書面にて下記までお送りください。
なお、ご質問の際には、必ず以下の項目を明記していただきますようお願いいたします。

1 お名前
2 返信先の住所またはFAX番号
3 書名
  (今すぐ使えるかんたんPLUS⁺
  Surface 完全大事典)
4 本書の該当ページ
5 ご使用の端末やOS、Webブラウザ
6 ご質問内容

なお、お送りいただいたご質問には、できる限り迅速にお答えできるよう努力いたしておりますが、場合によってはお答えするまでに時間がかかることがあります。また、回答の期日をご指定なさっても、ご希望にお応えできるとは限りません。あらかじめご了承くださいますよう、お願いいたします。ご質問の際に記載いただきました個人情報は、回答後速やかに破棄させていただきます。

今すぐ使えるかんたんPLUS⁺
Surface 完全大事典

2017年10月4日 初版 第1刷発行

著者●伊藤 浩一
発行者●片岡 巌
発行所●株式会社 技術評論社
　　　　東京都新宿区市谷左内町21-13
　　　　電話　03-3513-6150　販売促進部
　　　　　　　03-3513-6160　書籍編集部
編集●リブロワークス
担当●石井 亮輔
装丁●菊池 祐（ライラック）
本文デザイン・DTP●リブロワークス　デザイン室
製本／印刷●図書印刷株式会社

定価はカバーに表示してあります。

落丁・乱丁がございましたら、弊社販売促進部までお送りください。交換いたします。
本書の一部または全部を著作権法の定める範囲を超え、無断で複写、複製、転載、テープ化、ファイルに落とすことを禁じます。

©2017　伊藤 浩一

ISBN978-4-7741-9179-9　C3055
Printed in Japan

問い合わせ先

〒162-0846
東京都新宿区市谷左内町21-13
株式会社技術評論社　書籍編集部
「今すぐ使えるかんたんPLUS⁺
Surface 完全大事典」質問係
FAX番号　03-3513-6167

URL　http://book.gihyo.jp